令人着迷的物理

物理

【日】左卷健男/主编

陈 东/译

天 地 出 版 社 | TIANDI PRESS

图书在版编目（CIP）数据

令人着迷的物理／（日）左卷健男主编；陈东译.
—成都：天地出版社，2022.4
（令人着迷的科学知识）
ISBN 978-7-5455-6229-3

Ⅰ.①令… Ⅱ.①左… ②陈… Ⅲ.①物理－少儿
读物 Ⅳ.①O4-49

中国版本图书馆CIP数据核字（2021）第003077号

たのしい理科の小話事典 小学校編
Copyright @ 2011 by Takeo Samaki, Tokyo Shoseki Co., Ltd.
All rights reserved.
First original Japanese edition published by Tokyo Shoseki Co., Ltd., Japan.
Chinese (in simplified character only) translation rights arranged with
Tokyo Shoseki Co., Ltd. through East West Culture & Media Co., Ltd.
版权登记号　图进字21-2022-64

LING REN ZHAOMI DE WULI

令 人 着 迷 的 物 理

出 品 人　杨　政
主　　编　【日】左卷健男
译　　者　陈　东
责任编辑　刘俊枫
封面设计　墨创文化
电脑制作　跨　克
责任印制　刘　元

出版发行　天地出版社
　　　　　（成都市槐树街2号　邮政编码：610014）
　　　　　（北京市方庄芳群园3区3号　邮政编码：100078）
网　　址　http://www.tiandiph.com
电子邮箱　tianditg@163.com
经　　销　新华文轩出版传媒股份有限公司

印　　刷　北京文昌阁彩色印刷有限责任公司
版　　次　2022年4月第1版
印　　次　2022年4月第1次印刷
开　　本　880mm×1230mm　1/32
印　　张　4.25
字　　数　100千字
定　　价　28.00元
书　　号　ISBN 978-7-5455-6229-3

前言

编撰本书的宗旨，主要是希望能够为小学科学课程提供相关资料，希望所涉及的话题可以引起孩子们的兴趣。

本书在内容上主要是以小学科学中涉及的话题为中心，同时也涉及很多中学理科中可以用到的内容。

编写这本书是有原因的。坦率地说，我想让读者们都知道——

自然科学很有趣
身边到处都存在着自然科学，或者是应用了自然科学的技术

自然科学，有很多自然的不可思议，是一个戏剧般的世界。当我们一点点地了解它，自然世界的大门就会逐渐地向我们敞开。尽管还有许许多多的未解之谜，但是人类已经通过探索弄清楚了许多。我们想为读者们展示一个已经清晰明了的自然科学的世界。

另外，在我们的生活中有很多的事物和现象。当用自然科学的眼光来看时，我们会觉得"原来如此"。如果不能以科学

的视角去看，可能很多事情和现象也就被我们错过了呢。

各种各样的产品，都是科学技术应用的产物。

我希望通过阅读这本书，首先老师们会觉得"原来如此""有道理"。如果老师们阅读后都没有感悟的话，那么孩子们也不会有所感悟吧。

我想，无论是从事小学科学教学的老师们，还是那些为孩子答疑解惑的父母，为了让孩子了解科学的奥秘和趣味并爱上科学，引导孩子阅读本书都是不错的选择。

本书中涉及了超过小学科学水平的扩展知识。

当遇到那些不理解的知识时孩子们肯定会产生相应的疑问，而这些疑问和其后的思考，恰好会和日后的理科知识的学习息息相关。

如果本书能使更多的人觉得科学课程变得有趣或者觉得自然科学有趣的话，我们会十分欣喜。

本书的编写者们，同时也是一起策划并发行月刊*Rika Tan*的伙伴们。*Rika Tan*是以爱好科学的成年人为读者对象的杂志，欢迎大家阅读。

最后，我要感谢东京书籍出版社编辑部的角田晶子女士。她承担了全书的编辑工作，并不断地激励着写作缓慢的我们，指导我们最终完成了本书。在此致谢！

左卷健男

目录

与现实中的物体相比，镜子中的物体
为什么是左右相反的？

照一照镜子

右手拿着铅笔，坐在镜子前，看镜子里面的自己，上下是没有变化的，可是看到的却是左手拿着铅笔的自己。让一个小伙伴和你面对面站立，他背对着镜子站在你和镜子之间。让小伙伴和镜子里的你一样用同一侧的手拿着铅笔，他应该使用的是左手。

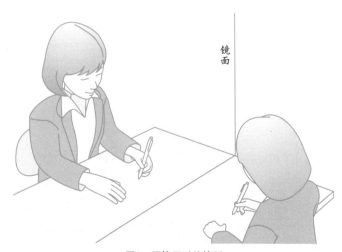

图1　照镜子时的情形

纸上写的"あ"　　镜中映的"あ"

图2　字在镜中的像

下面，我们将写着日文平假名"あ（a）"的一张纸面向镜子。镜子中，"あ"的上下没有变化，而左右却是相反的，无法识读了。

像上面的例子所展示的那样，映在镜子里的东西，上下不会发生变化，左右却会相反。我想，大家以前在玩镜子的时候应该早就发现了吧。

镜子里的上下就不会颠倒吗?

我们把一面镜子平放到桌面上，让镜子朝向天花板。仔细观察一下，镜子里的天花板看起来是什么样的呢？可以发现，在镜子中，正窥视着镜子的自己好像是在上面，而天花板看起来是在下面，好像掉下去了一样。下面，我们再做一个小实验。在站立状态下，把镜子举过头顶，让镜面朝下照着自己来看看。可以看到，镜子里自己的脚是在上面，而头却是在下面，看起来自己就像倒立着一样呢。

这样使用镜子的时候，明明位于上方的东西，在镜子里就处于下方了；明明位于下方的东西，在镜子里就处于

镜面

图3　从上往下朝镜子里看

上方了。这就是上下映射颠倒的例子。但是，这种情况下，自己的右手在镜子里面看起来还是左手，也就是说左右仍是相反的。

下面，我们再站到镜子前面，试着时而远离镜子，时而靠近镜子来看看。可以发现，当你后退远离镜子的时候，镜子里的自己没有跟着你朝同样的方向走，而是向镜子里的前方移动了；当你向前靠近镜子的时候，镜子里的自己没有向着镜中前方移动，而是向你移动，显得就在眼前一样。这就是镜子的前后映射颠倒的例子。在这种情况下，自己的右手在镜子中看起来仍是左手，跟之前的实验一样，即左右还是相反的。

通过上面的实验我们可以知道，随着镜子摆放位置的不同，镜子里面映射的事物，有时上下是颠倒的，有时前后是颠倒的。如果仔细思考一下的话，应该不难理解镜子里看到的颠倒的上下和前后的联系：镜子这个东西，当离它越近的时候，它里面映射出的物体就越靠近它的外侧；当离它越远的时候，它里面映射出的物体就越靠近它的里侧。

镜子真的是左右相反映射的吗？

镜子的映射，真的是左右相反的吗？让我们再来思考一下刚才右手拿着铅笔照镜子的例子吧。大家应该可以看明白，镜子里的自己拿着铅笔的手其实是在镜子的右侧。映射到镜子右侧的手，正是自己的右手啊。同样，映射到镜子左侧的手，也正是自己的左手。我们之所以会觉得映射在镜子里的自己左右是相反的，是因为当我们看到镜子里的自己时，总会假设自己进入了镜子中。而镜子里映射的"あ"字，之所以大家觉得是相反的，是因为不能识读出来。

如果仔细思考上面那些例子，我们就可以明白，其实镜子并不是左右相反映射的，而是真实在左侧的东西在镜子里就会出现在左侧，真实在右侧的东西在镜子里就会出现在右侧。

（桑岛　干）

过去的镜子和现在的镜子

镜子是从什么时候开始被人们使用的?

我们每天都要照照镜子,梳梳头,来整理一下自己的仪表。在古代,没有我们现在使用的这种镜子的时候,人们是怎样看到自己的仪表的呢?大家想一下,当我们想要照镜子,可周围又没有镜子的时候,你会怎么办呢?可能你会用打磨得很光亮的金属、平滑的玻璃、像镜子似的可以映射物体的其他东西(用被打磨得很光滑的黑色石头做的墙壁,就可以映射出周围的物体)来替代一下。

在一些古迹中,考古人员曾经发掘出用石头或金属做成的镜子,它们被打磨得闪闪发亮。用金属做成的镜子,多数都是由青铜制成的。挖掘出土的公元前2800年左右的镜子,是人们目前为止发现的最古老的金属镜子。对于日本来说,镜子是在弥

图1　出土的古代铜镜

生时代从中国传入的。当时的镜子是形状类似于圆盘的金属镜子，正面被打磨得非常光滑，背面刻着各式各样的精美图案。那个时代的镜子，并不是为了照人的样子而制造的，而是用于占卜或者放入地位较高的人的坟墓中作为殉葬品被埋掉。

江户时代已经有了磨镜子的匠人

进入江户时代后，普通人也有了想要照一照自己仪表的想法，于是手镜就开始被使用了。当时的手镜，是将青铜的表面打磨之后贴上一层薄薄的水银（这叫作镀），简简单单制作而成的。可是，这样的镜子使用之后会很快变得模糊不清。所以当时啊，在街上往来着一些专门磨镜子的匠人。这种在金属表面镀上一层东西的镜子，叫作表面镜。

什么是发镜?

我们日常生活中用的镜子，一般是用玻璃做的。在日本，最早的玻璃镜子，是1549年由葡萄牙传教士弗朗西斯科·沙勿略以赠礼的形式带来的。日本正式开始在玻璃板上镀水银来制造镜子，大概是在18世纪后半叶到19世纪初。人们把加热到一定温度后能像气球一样膨胀的玻璃切成薄薄的小长方形，冷却后再镀上水银，这样做成的镜子叫作发镜。"发"指的是耳朵附近的头发，可能那时的人们就是用这样的镜子来整理自己耳边凌乱的碎发的吧。发镜是非常薄的，所以人们会用木头给它做一个边框，然后再配一个盖子，就可以随身携带了。

种类丰富的现代镜子

我们现在用来整理自己仪表的镜子，是先在玻璃板的背面镀上银，然后在上面覆上铜膜和涂料以保护下面的银。虽然银比较贵重，但是在众多金属中它是反射光线最好的，是用作镀层的上好材料。目前，使用银作镀层的镜子仍然是主流。像这种背面有能够反射光线的金属膜的玻璃镜子，叫作背面镜。由于光线通过玻璃时会受到影响，所以这种镜子映出来的东西会有一点失真。但是，这样制作后金属膜不易磨损，所以我们日常生活中用的几乎都是背面镜呢。话虽如此，我们也不是完全用不到表面镜。表面镜可以真实地展现出物体的颜色和形状，它是制作照相机、万花筒等必不可少的部件呢。

镜子的种类还有很多，例如：从这面看是镜子，从另一面看就是玻璃的单面可视镜；带有颜色的有色镜；不容易打碎的有机玻璃镜面，等等。还有一些非平面的镜子，比如：汽车的后视镜和道路转弯处的反光镜就是凸面镜，汽车前照灯的反光装置则相当于凹面镜，等等。可以说，用途不同，镜子的种类就不同。大家试着找一找生活中不同地方使用的不同镜子吧，一定会非常有趣呢。

（相马惠子）

来探索一下放大镜的功能吧

放大镜的结构

　　放大镜就像图1中显示的那样，透明的部分是镜片，镜片一般是用玻璃或者塑料制成的。放大镜的镜片中央是凸起的，越往边缘，镜片越薄。正因为放大镜的镜片有着这样特殊的形状，它才拥有普通玻璃和塑料没有的一些功能呢。下面，就让我们一起来看看它有什么功能吧。

镜片

放大镜的镜片

图1　放大镜

透过放大镜来观察物体

　　我们透过平面玻璃板来看物体，物体呈现的样子是不变的。但是，我们透过放大镜来看物体的话，就不一样了呢。

　　让我们先用放大镜来观察一下近处的物体吧。物体似乎变大了，可以清晰地被我们看到。使用了放大镜，就连蚂蚁那小小的身体和小花的雄蕊、雌蕊等，都可以看得一清二楚呢。

　　用放大镜来观察近处的物体时，如果把镜片靠近眼睛的

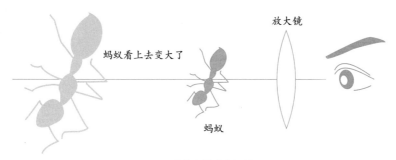

图2　用放大镜观察蚂蚁

话，放大的范围就会扩大。相反，如果把放大镜放到离眼睛远一点的地方，那么放大的范围就会缩小。可是，不管是把放大镜放到眼前，还是把它稍微拉远（靠近物体），透过它看到的物体放大的比例是基本不变的。所以，当你想用放大镜来看近处的物体时，为了所看的范围更广一些，可以试着把镜片贴近眼睛。

　　下面，让我们再用放大镜来观察一下远处的物体吧。使放大镜贴近眼睛，然后观察远处的物体，你会发现远处的物体是模糊的，看不清楚。与看近处物体的不同之处还有，此时物体看起来并没有变大。让我们保持这个姿势，用手慢慢地将放大镜从眼前移向远处，移到一定位置时，你会发现透过放大镜完全看不清远处的物体了。继续移动放大镜，之后又可以清楚地看到远处的物体，不过此时

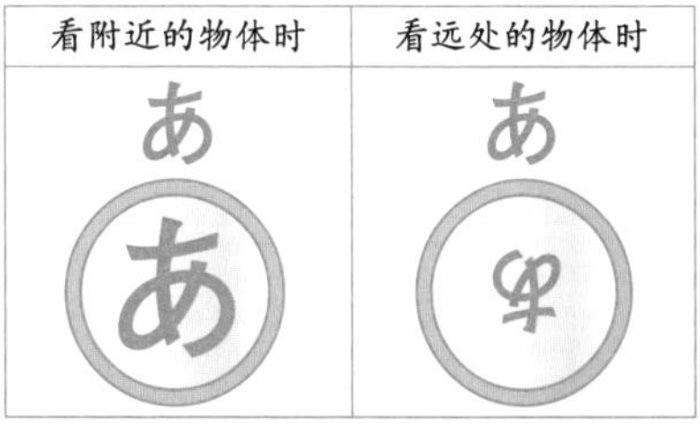

图3　用放大镜观察远近不同的物体

看到的物体却是上下颠倒的。

试着在屏幕上投射文字

魔术表演的时候，先在一块写着字的透明塑料板背面放一个手电筒并揿亮，然后在这块塑料板和一块幕布之间放一个放大镜，关掉房间里的灯光。你会发现手电筒发出的光线透过塑料板，再透过放大镜之后，投射在幕布上了。调整放大镜的位置，让幕布可以映射出塑料板上的字，然后试着把塑料板上下颠倒、正反面对调，你会发现幕布上映射出的字的形状会发生变化。这其实和放电影是同一个原理。放电影，就是通过放映机的镜片在屏幕上投射出画面的呢。

用放大镜来聚光

当阳光垂直照射一块平面玻璃板的时候，玻璃下不会产生影子。但是，如果让阳光垂直透过放大镜的话，放大镜底下就会出现亮处和暗处。

在放大镜下面放一张纸，并使放大镜逐渐远离纸面，明亮的部分就会缩小，但是会变得更加明亮，并且亮处的温度会升高。把放大镜再移远一些，使所有的

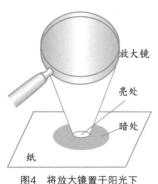

放大镜

亮处

暗处

纸

图4　将放大镜置于阳光下

光都聚到一个点上，让那里变得最亮，这个点的温度会继续升高。如果保持这个状态的话，最后纸上的这个点就会被烤焦，甚至整张纸都会燃起来。

原来，放大镜还有像这样的聚光作用啊！

（桑岛　干）

光的速度有多快?

比拼一下速度

你在10秒内可以跑多少米呢？奥林匹克选手的话，100米的赛跑可以用10秒左右完成。动物中跑得最快的是猎豹，10秒大约可以跑300米。而我们现在乘坐的交通工具可以跑得更快，比如新干线10秒大约可以行进800米，民航客机10秒大约可以行进2800米。

那么，世界上跑得最快的究竟是什么呢？那就是光啦。光在空气中可以每秒大约30万千米的超快速度前进。10秒钟的话，光可以行进大约300万千米呢。

我们使用手电筒照亮远处的时候，只要一打开手电筒的开

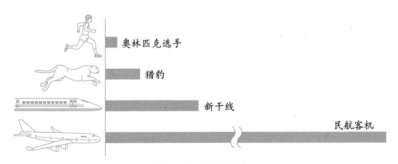

图1 10秒行进的距离

关，光就会第一时间到达要照亮的地方，这正是因为光有着超快的速度呢。在伸手不见五指的屋子里打开电灯，屋子会马上明亮起来，也是同样的道理。

我们在观看远处天空中绽放的焰火时会发现，焰火升空绽放后要稍微过一会儿才可以听到"咚"的响声。声音在空气中的传播速度比民航客机的速度要快一些，1秒大约可以行进340米，10秒大约可以行进3400米。声音的速度也非常快，但是无法和光速相比。比方说，在3400米外的地方燃放焰火，焰火升空绽放时我们在远处就可以同步观看到，可是焰火绽放的声音却要延迟大约10秒才能传到我们的耳中。

无论是哪里，光都会瞬间到达吗？

无论是哪里，光都可以一瞬间到达吗？我们举几个例子来说一下吧。地球和太阳之间的平均距离约为1.5亿千米，太阳的光到达地球大约要8分20秒的时间。天空中闪耀的星星，就处于更远的地方了。北极星的光到达地球，要花费大约430年的时间。一直以来，我们都凭借观察身边事物的经验想当然地认为光可以一瞬间到达任何地方，但实际上光的速度并不是无限大的呢。

在同一均匀介质中，光是沿直线传播的

大家应该看到过阳光透过窗帘的缝隙直射进来，汽车的前

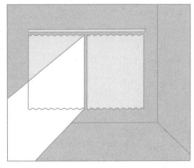

图2　从窗帘的缝隙射入的光线

图3　汽车前照灯的光线

照灯光线直射向前方吧？像在空气中这样，光在同一均匀介质（如水、玻璃等）中是沿直线向前传播的，这称为光的直线传播。

使手电筒的光线照射在桌面上，将手放到手电筒和桌面之间，桌子上会出现手的影子。当沿直线传播的光遇到手的时候，照在手上的光就不能到达桌面了，而那些没有照在手上的光会继续沿直线传播到桌面上，所以桌面上会留下手的影子。

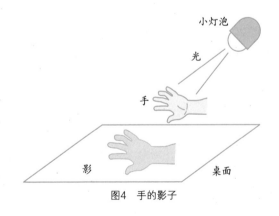

图4　手的影子

日常生活中，其实很多地方都非常巧妙地利用到了光的直线传播。比如，使用手电筒照射远处物体的时候，我们会从正面迎着物体让手电筒的光线直接照过去。这其实就是经过长期的经验总结，大家知道了光在空气中是沿直线前进的。还有，拿某个东西的时候，我们会朝着那个东西直接伸出手，这其实也是因为我们下意识地认为物体就在光线直接过来的那个地方呢。

（桑岛　干）

红外线遥控器的工作原理

操作方便的遥控器

你的家里有几个遥控器呢？电视机的、录像机的、空调的，等等，真不少呢。最近一些照明设备也加入了使用遥控器的行列。不用走到机器和开关的跟前，就可以使用遥控器进行操作，真方便啊！那么，遥控器能控制机器究竟采用了什么原理呢？我们来一起看看吧。

遥控器发射出的不可见光

切换电视频道的时候，我们会把遥控器对准电视机的方向按下按键。在遥控器的头部有一个圆形的窗口，如果我们试着用手指将这个窗口遮住再操作的话，你们觉得会出现什么情况？结果是，电视频道无法切换了。原来，从这个小窗口里是可以向外发射出我们眼睛看不到的红外线的呢。

红外线也是光的一种，我们通过下面这个实验为大家证实一下。光具有在同种均匀介质中沿直线传播、可以被镜子等反射、通过不同介质时发生折射的性质。我们把遥控器的前端对准镜子或者窗户玻璃，甚至平底锅也可以，让红外线通过这几个物体进行反射。如果角度调整合适的话，即使不对准电视机，遥控器通过这几件物体也可以控制它。

如果用数码相机或者手机来拍摄遥控器的发光部位的话，可以看到蓝白色的光。这样，我们就知道遥控器在发射红外线了。

下面我们把学校教室里的电视机推到走廊里，试一试遥控器可以控制的距离有多远吧。测试

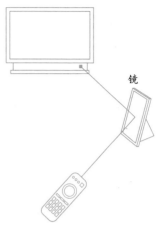

图1　红外线的反射实验

的结果是，在距离20米远的地方遥控器也可以控制电视机呢。另外，我们还可以尝试把相同厚度的白纸和黑纸分别覆盖到遥控器的前端，也可以用薄纸和厚纸分别试一下，看看在这些条件下红外线通过的情况有什么不同，这样就可以更好地了解红外线的性质呢。

为什么电视机的遥控器打不开空调？

房间里明明有两个以上可以用遥控器控制的电器，可是用电视机的遥控器却打不开空调。这是为什么呢？拿错遥控器打不开电器的奥秘，就在遥控器发射出的信号里面。按遥控器的不同按键时，是哪个品牌、什么机型、操作内容（如调节音量、切换频道）等，全部都会以信号的形式发射出来呢。

在电视机和空调的室内机上，都有可以接收遥控器信号的部位。当接收到信号指令后，电器里的微型计算机就开始按照信号来执行相应的指令了。

不可见光中的另一种光

大雨过后，有时天空中会出现一道彩虹。它的外侧是红色的，中间有黄色的线条，还有绿色的线条等。我们的眼睛只能看到从红色到紫色的光线，在红色线条外侧其实还有我们看不到的红外线，在紫色线条外侧还有我们看不到的紫外线。

红外线还有一个名字，叫作热射线。像电暖器上的红色灯管、点燃的炭火、变热的物体等，都会释放出红外线。

紫外线，可以杀菌（晴天晾晒被子，不仅是在晒干，同时还在杀菌）和改变皮肤的颜色，是具有很强的化学作用的一种光。

快来试着找一找我们生活中利用光的特征的一些工具吧。

（横须贺　笃）

将磁体切成小块以后会有怎样的变化？

把条形磁体切成两半的话

　　大家可能都知道，磁体是有N极和S极的。举个例子，像图1中的条形磁体，它就有N极和S极。

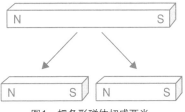

图1　把条形磁体切成两半

　　如果我们把一根条形磁体切成两半的话，那就变成了只有N极和只有S极的两块磁体了吗？

　　实验后你会发现，把条形磁体切成两半后不会形成只有N极和只有S极的两块磁体呢。像图1中显示的那样，当把磁体切成两半以后，切开的地方又会产生新的S极和N极，而且就算把切后的磁体继续分成更小的小块也是一样的。不管怎样分，一块磁体都会有N极和S极。这是为什么呢？

由小磁体集合而成

　　一块磁体，其实是由很多极其微小的磁体集合而成的——

可能和实际的样子有一些区别，大概就像图2所示那样。所以，就算把磁体切开，切得再细再小，磁体里面也会存在极其微小的磁体，就一定会产生N极和S极。

但是，随着磁体被切得越来越小，它里面所含有的极其微小的磁体的量也会越来越少。也就是说，相同种类的磁体，如果越小的话，磁力也就越弱呢。

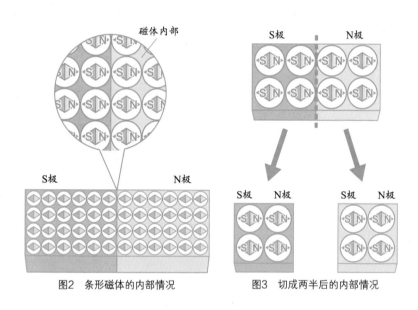

图2　条形磁体的内部情况　　　　图3　切成两半后的内部情况

为什么铁会被磁体吸附？

铁之所以会被磁体吸附，简单来说是因为铁也可以视作是由很多极其微小的磁体集合而成的。平时，铁里面的那些极其微小的磁体是散乱地朝向四面八方的，因此不具有磁体那样的磁力。

可是，一旦让铁靠近磁体以后，铁里面的极其微小的磁体就会朝向同一个方向了，所以铁也就具有了磁体的力量。因此，铁才会被磁体所吸附。

如果再将磁体拿掉的话，铁里面的那些极其微小的磁体又会恢复到原来那种方向散乱的状态，磁力也就跟着消失了。

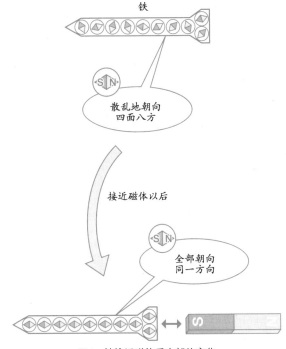

图4　铁接近磁体后内部的变化

磁体会不会有磁力消失的时候呢？

用锤子来敲打磁体，或者用燃气炉来烧磁体，磁体的磁力是会消失的。

这是因为当用强力振动磁体或者用火加热磁体的时候，磁体中极其微小的磁体的方向会发生改变，它们将散乱地朝向各处，磁力也就消失了。

（长户　基）

地球是一个巨大的磁体

大家远足的时候，或露营的时候，或坐船出海的时候，一定会带的东西是什么呢？

没错，是指南针。在没有标记的山林里或者海上，指南针为人们指明方向发挥了重要的作用。不管是我们现在使用的形式多样的指南针，还是古时人们使用的指南针——司南，它们里面都使用到了磁体。那么，为什么磁体可以正确地指示南北方向呢？

如图1所示，地球实际上是一个巨大的磁体，地球的北极附近是地磁的S极，地球的南极附近是地磁的N极。一块磁体的哪一极能够被另一块磁体的S极吸引住呢？是N极。所以，指南针上的N极会指向地球北极的方向，而S极会指向地球南极的方向。

那么，让我们将指南针带到地球的北极附近去，你们认为指南针的N极会指向哪里呢？答案是指向下方。我们所居住生活的地方在北半球上，因此如果仔细观察指南针的N极所指的方向，可以发现指南针的N极在指向北方的同时会稍稍向下倾斜一点。不信的话，你们可以试试看哟。现在市面上出售的指南针，有的添加了卡扣和砝码以确保指针不倾斜，但是仍需要区分是在北半球使用，还是在南半球使用。

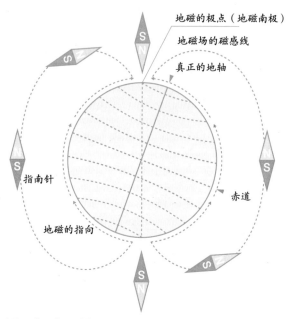

图1 地球是一个巨大的磁体，磁针所指的南北方向与地理的南北方向略有偏离

地球成为巨大磁体的原因

你们知道能够变成磁体的都是什么东西吗？铁，就是一种能够变成磁体的代表性物质。此外，在众多金属中，我们知道镍（niè）和钴（gǔ）也是可以变成磁体的。于是，人们就思考：是不是地球中心的地核部分，就是由铁和镍等物质组成的呢？地核看起来确实很像能变成一个磁体，但是，其中的真正原因目前还没有人知道。人们猜想，也许在地核内部高温高压的环境下，铁和镍等都变成液体移动了起来，所以地球就变得具有磁性了。

和我们已经对地球周边的宇宙环境有了各种各样的了解相

比，我们对于地球自身的详细了解真的少得惊人，因为我们不可能把地球打碎，拆开看里面的样子。因此，想要研究地球的内部情况真的太难了！

地球磁场的方向会发生逆转吗？

顺便说一句，地磁的S极过去并不是一直在地球的北极附近呢。在地球漫长的历史中，从360万年前一直到现在，地球磁场的方向一共发生过9次逆转。比如说，最近的一次大约发生在70万年前，也就是说如果70万年前有现在的指南针的话，那么它的N极是指向南方的，和现在的指向正好相反。

那人们是怎样知道地球磁场的方向发生了逆转的呢？熔岩的冷却过程恰好记录下了地球磁场方向的变化。地球磁场的方向一旦被记录下来，是不会发生改变的。因此，如果知道熔岩冷却的准确时期，就可以判断出当时地球磁场的方向呢。

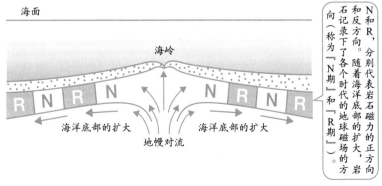

图2　海底的岩石是记录地球磁场方向的"录音机"

*现在，配备有全球卫星导航系统的手机等设备发展得非常迅速，指南针的作用被大大地削减了。但是，直到今天，指南针仍然是一个方便的工具。

（田崎真理子）

不使用灯座怎样让小灯泡发光呢？

构成回路以后，小灯泡就亮了

像图1展示的那样，在灯座上装入小灯泡，使之与干电池连接在一起，小灯泡就亮了。实际上是小灯泡中有电流通过，所以它才能发光。

从电池的正极（＋）到电池的负极（－），将用电器等用导线连接起来的不间断的电路，叫作回路（或闭合电路）。

一旦构成了回路，电流就可以在里面流动了。不管是在哪个位置，只要回路出现了间断，电流就不通了呢。

图1　将小灯泡装入灯座

小灯泡和灯座的结构

像图2展示的那样，小灯泡的内部连有导线，一旦通电，里面的灯丝就会发光。把小灯泡装到灯座上，小灯泡和灯座里的导线就连在了一起，所以电流能通过。

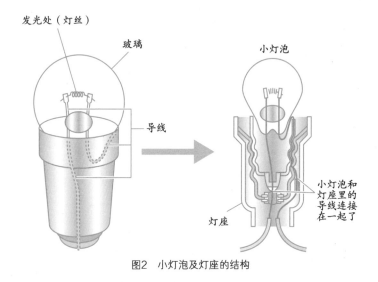

发光处（灯丝）

玻璃

小灯泡

导线

小灯泡和灯座里的导线连接在一起了

灯座

图2　小灯泡及灯座的结构

不使用灯座怎样让小灯泡发光呢？

那么，不使用灯座，可不可以让小灯泡发光呢？准备好1个小灯泡、1根导线、1节干电池，让我们来做个实验吧。

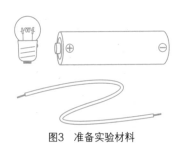

图3　准备实验材料

在图4所示的A～F六种连接方式中，哪些是可以使小灯泡发光的呢？

如果不使用灯座的话，为了让小灯泡能够发光，把小灯泡放入电路中直接构成一个回路就可以了。

正确答案是，形成供电流从电池正极流出，经小灯泡内外部导线回到电池负极的不间断的线路就可以了。所以，A和C都是正确的。这时，小灯泡也是整个回路的一部分。

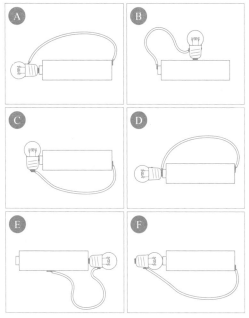

图4 不同的连接方式

为什么家用电器要带有开关？

很多家用电器都带有开关。那么，为什么要安装个开关在它们上面呢？可不可以用回路这个关键词来解释一下呢？

开关是既可以使电路连通，也可以使电路断开的装置。设置它的目的是，方便我们随时让家用电器通电或断电。

还有啊，如果断掉的是小灯泡的灯丝，那么回路也会被切断，电流就无法通过了呢。

（长户　基）

短路很危险

形成回路有三个必要条件

通过前面的学习我们已经知道，从电池正极到电池负极，用导线将用电器等连接成闭合的电路，就形成了一个回路，电流就可以通过了。

那么，如果告诉大家形成回路有三个必要的条件，大家的脑海中会想到什么呢？

形成回路的三个必要条件分别是：①电池或发电机等电源；②可以供电流通过的导线；③电流可以发挥作用（使用电能）的场所，如灯泡、电动机等。

电流工作的地方（用电器）

供电流通过的导线

电池或发电机等电源

图1 回路

如果没有电源，那就没有电流产生。如果没有可以通电的线路，那么电流就无法通过。如果没有灯泡或者电动机等可以使电流发挥作用的场所，又会怎么样呢？

短路是因为没有电流可以发挥作用的场所而导致的

如果构成回路的时候，没有接入灯泡等用电器，而是直接将电源的正极和负极进行连接，就会形成短路。短路的形成是没有电流可以发挥作用的场所而导致的，此时线路中会有非常大的电流通过。比如，将干电池的正极和负极直接连接在一起就会形成短路，线路中有很大的电流持续通过，电池和导线会变热。如果直接用手碰触的话，可能会被烫伤，有时甚至会出现电池破裂，这是非常危险的。

图2　没有电流可以发挥作用的场所

家用电路短路时会溅出火花

在日本，家用电压为100 V，大约是干电池电压（1.5 V）的67倍。因此，家用插座短路的时候就会迸溅出火花，连接着的导线会熔化，有时甚至引发火灾或导致人触电身亡等。日常生活中，将能导电的物体塞入插座孔隙里很容易造成短路，这是非常危险的。所以，绝对不要往插座中塞异物哟！

安全使用电器

小朋友们，当你们打算从插座上拔下用电器的插头时，一定要用手捏住插头的绝缘部分向外拔哟。

这是因为电线里面其实包裹着两根金属导线，如果拔插头的时候直接握着电线往外拔，一旦电线受损，导致里面的两根金属导线裸露并接触的话，就会造成短路。大家一定要注意啊!

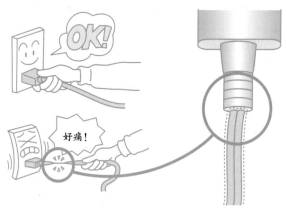

图3　拔插头的正确方法和错误方法

（长户　基）

控制楼梯间电灯的开关

在一些住宅楼的楼梯间里，电灯的开关分布在楼梯的上方和下方。对于一些长走廊来说，它们的两头也各设有一个开关。电灯关着时，不管人走到哪一端，都可以按下开关把它打开；电灯亮着时，不管人站在哪一端，也可以把它关掉。像这样，在需要的地方随时可以开关电灯，真方便！（译者注：现在，楼道里使用的一般是声控开关，文中描述的开关常见于卧室或酒店客房。）

两种类型的开关

下面，让我们来比较一下楼梯间里的电灯开关和短走廊里的电灯开关。

如图1所示，上面的是短走廊里常用的普通电灯开关，用手按下带有白点的一侧，灯就会被打开。图1中下面的开关，什么标记也没有，按动这个开关，电灯有可能被打开，也有可能被关闭。如果灯是亮着的，

图1 两种开关

那么按动开关，灯就会被关掉；如果灯是关着的，那么按动开关，灯就会被打开。

普通开关

普通开关上面通常有一个白点，开和关在固定的两个相反方向上。如果按下打开那一头，灯就会亮；如果按下关闭那一头，灯就会熄灭。

外观

结构

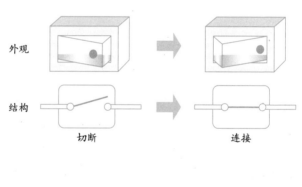

切断　　　　　　　　连接

工作原理

图2　普通开关的外观、结构及工作原理

楼梯间里的开关

那么，楼梯间里位于上下方的没有标记的开关，它的结构又是怎样的呢?

如图3所示，我们可以看到这种开关中一条主线路不管连接到另外两条线的哪一条，都可以通电呢。因为一共有三条电线，所以叫作三路开关。楼梯间的电灯，使用的就是这种开关呢。

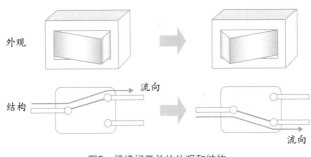

图3 楼梯间开关的外观和结构

如图4所示，上下楼梯的开关是这样一种状态的话，灯就是关着的。如果按动右侧的开关，就会像图5中显示的那样，电流就可以通过了，灯就会亮起来。

如果按动左边的开关，也是一样的，灯会亮起来呢。你们亲自按动一下，试试看吧。

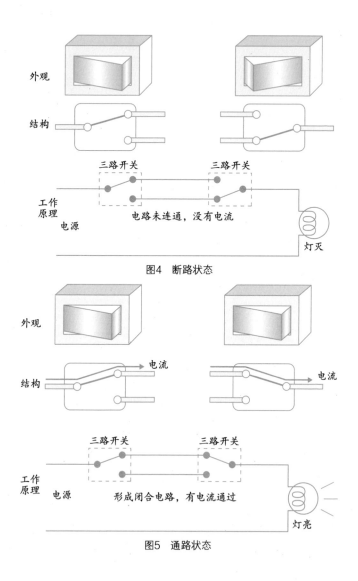

外观

结构

工作
原理
电源

三路开关　　　　　三路开关

电路未连通，没有电流

灯灭

图4　断路状态

外观

结构

电流

电流

工作
原理
电源

三路开关　　　　　三路开关

形成闭合电路，有电流通过

灯亮

图5　通路状态

（福武　刚）

钙是什么颜色的？

骨头的颜色是白的

你们有没有听说过"小鱼和牛奶里面含有很多钙，要多吃小鱼、多喝牛奶哟"？

一说起"钙"，我们可能首先会想到骨头吧。骨头的颜色是白的。

因此，如果被问到钙是什么颜色的话，最多的回答应该就是白色了。

实际上，骨头并不是由单纯的钙直接构成的，而主要是由磷酸钙构成的。你们可能又会想，磷酸钙里面也是有钙的吧。可是，我想要问的是，那种纯粹只有钙这一种成分的物质（即钙的单质）是什么颜色的。

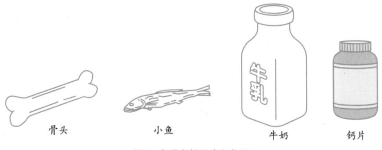

骨头　　　　　　小鱼　　　　　　牛奶　　　　钙片

图1　各种各样的含钙物质

不管是大人还是小孩，可能绝大多数的人，都没有见过真正的只有钙这一种成分的物质吧。它不是超市、商场或者住宅周边小商店里面卖的那些钙片等，而是一定要到药房去才可以买到的东西。

只有钙这一种成分的物质，其颜色是银色的。

钙，属于金属元素。虽然金属的种类繁多，但是它们都有以下几种相同的性质：

（1）拥有金属光泽；

（2）具有良好的导电性能；

（3）富有延展性。

金属光泽的话，除了金和铜，其余的金属几乎都是银色的。

给骨头补钙的钙片，并不是只由钙这一种元素组成的，而是由钙和其他物质结合在一起组成的。骨头的主要成分磷酸钙，也不只有钙，还有磷和氧。

镀银砂糖的表面是金属吗？

镀银砂糖，是银色的颗粒，经常被用于装饰蛋糕。因为镀银砂糖的表面呈现出的是银色的金属光泽，所以有人会问它的表面是不是金属。

是不是金属，首先要看一个物质有没有金属光泽。另外，如果通电性能良好的话，就绝对是金属没错了。

镀银砂糖表面是银色的，具有金属光泽。那么它可不可以导电呢？让我们用一个小灯泡来试试看吧。当把小灯泡插入镀银砂糖并接上电池、导线时，小灯泡亮了，这证明镀银砂糖的表面物质是可以导电的。

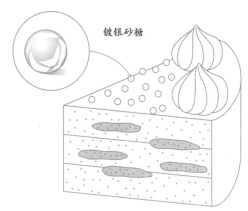

镀银砂糖

图2　点缀有镀银砂糖的蛋糕

细心点儿的话，你可以看到装有镀银砂糖的包装袋上面写着"着色剂（银）"的字样。

镀银砂糖里面其实是淀粉和砂糖，为了让它的表面变成银白色，生产商给它覆盖上了一层薄薄的金属银。没错，就是制作银牌的银。

除了镀银砂糖，一些药物也用到了银，如"仁丹"这种药品。仁丹也是圆圆的颗粒，表面是银色的。它那银色的部分，是将银做成银箔之后贴上去的呢。银是贵金属，所以在镀银砂糖和仁丹中，使用的量非常少。

在吃镀银砂糖的时候，银也一起被吃进肚子里了，有没有觉得很不可思议呢？尽管被吃进去了，但银不会被人体吸收，会直接被排到身体外面呢。

（左卷健男）

金纸上面贴的是金吗？

折纸用的金纸和银纸，表面的"金"和"银"能导电吗？

折纸用的纸中，有金纸和银纸。纸上面好像贴着些什么。那么金纸上有金，银纸上有银吗？

将干电池和小灯泡连接起来，在导线的一处设置开口，做成一个小灯泡通电测试器。将断开的导线的两端连接上想要测试的物体，如果这个物体能够导电的话，小灯泡就会发光。

通过做小灯泡通电测试来研究哪些物体更容易导电，我们发现银色的东西更容易让小灯泡发光。比如，银闪闪的具有光泽的金属勺子、水龙头、金属丝、铝箔纸，等等。

这些物体所具有的光泽，就是金属光泽。金属的光泽大部

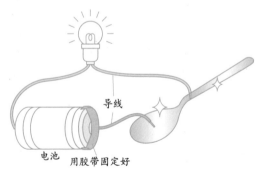

图1　用小灯泡通电测试器来测试金属勺子的导电情况

分是银色的，但是金是呈黄色的，铜（擦得亮闪闪的10日元硬币里面大部分是铜）泛着的是紫红色。像金和铜所发出的金属光泽，就是例外。金纸是具有金属光泽的，如果外表贴的是金，那么按理应该是可以导电的。银纸的话，由于大部分金属是银色的，所以其表面银色的物质可能是银，也可能是铝（1日元硬币和铝箔纸就是纯铝制成的），还可能是铁。

下面，让我们用小灯泡通电测试器来测试一下金纸和银纸能不能导电吧。

结果是，金纸不导电，而银纸导电。

银纸上面贴有金属。这种金属并不是银，如果是银的话，那价格得多高啊。也不是铁，如果是铁的话，它会生锈。于是，我们又利用高中学到的其他方法来测试了一下，发现银纸上面的物质是铝。用铝做成的1日元硬币、铝箔纸、勺子、铅笔帽可以很好地导电，银纸表面的银色部分也同样可以导电。

金纸的真面目是什么？

铝罐和钢罐，明明是用金属制造的，可是导电性能却比较差。可能是因为表面涂了什么吧，好像是涂层上的物质使得电流不容易通过。为什么会这么说呢？因为用砂纸刮擦它们的表面，露出里面的金属以后，露出的金属部分就可以很好地导电了呢。

金纸表面是不是也涂了什么东西，所以不能导电呢？我们用砂纸对金纸表面进行刮擦，之后用小灯泡通电测试器来进行了实验。刮掉表面物质的部分竟然可以通电了！果然是由于涂了东西才不能导电的。

为了进一步调查清楚金纸表面的物质，我们准备了一瓶清除指甲油用的洗甲水。用洗甲水将纸巾浸湿，然后用纸巾擦拭金纸。最终纸巾变成了黄色，金纸变成了银纸。

露出银纸的部分，可以让电流顺畅地通过。

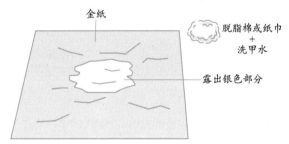

金纸

脱脂棉或纸巾
＋
洗甲水

露出银色部分

图2　用浸有洗甲水的纸巾擦拭金纸之后，露出了银纸

原来呀，金纸是在银纸上涂了一层薄薄的黄色透明的涂料。因为涂料是不能够导电的，所以用金纸直接测试时，电流也就不能通过了。

（左卷健男）

干电池的连接方式和小灯泡的亮度

干电池的大小决定了电量

一般的电池，就像图1中展示的那样，有5号电池、1号电池等很多种类。不同型号的电池，它们的个头大小也不一样。

各种干电池，拥有它们各自规定好的电量。不同型号的干电池，它们的区别主要是电量不同。一般来说，个头比较大的电池，电量也会更多。为什么会存在各种各样大小、型号不一的干电池呢？是因为啊，这样可以方便人们区分并按照用途来选择使用。

图1　各种型号的电池

但是，干电池的电压（产生电流的"动力"），不管是什么型号，大多数都是1.5 V。

用两节干电池让小灯泡发光

下面，让我们把一个小灯泡和两节干电池相连接，看看图2所示的几种连接方式中哪些可以让小灯泡发光。

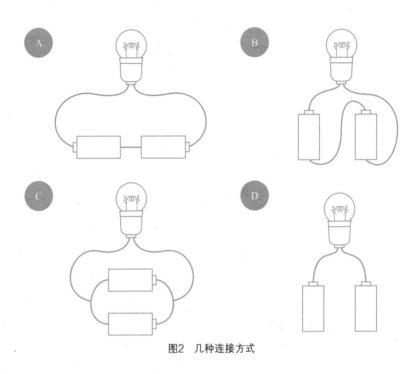

图2　几种连接方式

小灯泡，有电流通过以后便会亮起来。为了能够产生电流，我们可以把两节干电池的正极和负极按照一定顺序连接起来，形成回路。在图2中，能够使小灯泡发光的是B和C这两种连接方式。

B和C这两种连接方式，均有各自的名称。B方式，叫作串联。在这种连接方式中，前后两节干电池的负极和正极是交替相连的，即一节干电池的负极连接着另一节的正极。

C方式，叫作并联。在这种连接方式中，两节干电池是同极并列的，分别和主电路相连接。

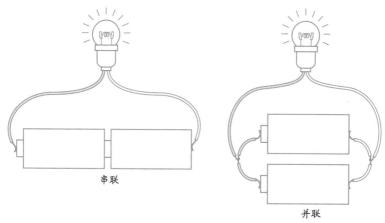

串联

并联

图3　左边是串联，右边是并联

干电池的串联和并联有什么区别？

如果把两节干电池串联在一起的话，电压就是单个电池的2倍。一节干电池的电压是1.5 V，那么两节串联就是3 V。所以，比起只连接一节干电池，连接两节串联的干电池时，通过小灯泡的电流更大，小灯泡也更亮。可是，因为流出的电流变大了，所以电池的电量也就消耗得更快了呢。

另外一种方法是把两节干电池并联起来。并联的时候，电压是不会发生改变的。不管是连接两节并联的干电池，还是只连接一节干电池，通过小灯泡的电流都是一样大的，小灯泡的亮度也是一样的。干电池并联时，由于原本一节干电池产生的电流在两节干电池中流过，所以，比起只连一节干电池，此时电量更持久呢。

叠层电池里面是串联的吗？

图4 9V叠层电池

你们知道还有9 V的叠层电池存在吗？

实际上，在9 V的叠层电池里面呀，有若干个电压是1.5 V的电池串联在一起呢。那么它究竟是由几节电池串联在一起的呢？好好思考一下吧。

（长户　基）

为什么光电池（太阳能电池）可以发电？

是电池，还是发电机？

光电池，是将太阳能直接转化成电能的一种装置。

光电池本身是不能积蓄电量的，所以它产生的电会一瞬间全部流失掉。也就是说，只有当阳光照射到它上面的时候，它才能发电。从这个意义上来讲，与其说它是电池，不如说它是发电机呢。

图1　光电池

光电池发电的原理

光电池的发电原理，说起来是非常不好理解的。在这里，只是给大家简单地描述一下。

光电池里面有半导体。半导体作为原料，在各种各样的电子配件的原料中被广泛地使用着。

光电池是由两种半导体组合在一起做成的。当阳光照射到光电池上面的时候，里面的一种半导体会产生正电荷，另外一种半导体会产生负电荷。

这样，在两个半导体间就有了可以产生电流的"动力"（电压）。

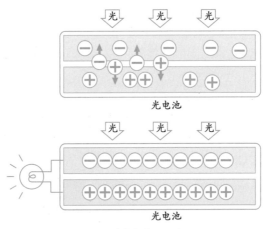

图2　光电池中产生电压的原理

想要增加光电池的发电量应该怎么办？

太阳每天都会向地球传递光能，但是能够到达地面的光是有限的。所以，想要增加光电池的发电量的话，就需要扩大光电池的面积。

现在，光电池也有很多种类呢。感兴趣的话，可以查找一下信息，看看都有什么样的光电池呢。

把两个光电池串联起来

用干电池使发动机运转的时候，比起只使用一节干电池，使用两节串联的干电池，发动机会运转得更有力。

那么，如果把两个光电池串联起来的话，发动机是否也会变得更有动力呢?

实际上，光电池只是形成电流的电源而已，在光电池中电流是很难流动的。所以，即使把两个光电池串联起来，电流也不会增大。是不是很神奇呀?

因此，想让太阳能汽车跑得更快而把两个光电池串联到一起的做法，不仅不会增加动力，反而因为多了一个电池就多了一份重量，会让车速变得更慢呢。

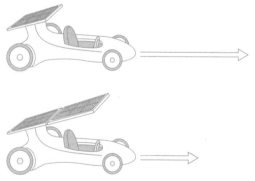

图3　两个光电池串联起来以后，车速变慢了

（长户　基）

产生电流的"动力"

仔细观察干电池

如果仔细观察干电池的表面，你们应该会发现上面印有"1.5 V"或者"1.2 V"的标记吧。"1.5 V"读作1.5伏特，简称1.5伏，代表着里面可以产生电流的"动力"的大小。

图1　干电池的电压标记

我们把促使电荷定向移动产生电流的"动力"叫作电压。伏特是电压的单位，简称伏，符号为V。对于同一用电器，电压越大，流经它的电流就越大。

家用电压大约是干电池电压的67倍

多数干电池的电压是1.5 V。那么，你们知道家用电压是多少吗？

跟电池上会标记是多少伏电压一样，在大多数的家用电器上都有电器在多少伏电压下才可以正常使用的明确标记。我们可以拿一个用在家用插座上的灯泡来观察一下。你会看到上面印着"100 V"的字样呢。是的，在日本，家用电压就是100 V。

图2 "100 V 54 W"的灯泡

如果擅长计算的话，可以计算一下家用电压是1.5 V干电池的多少倍。答案是大约67倍呢。

如果把很多干电池连接起来的话……

安在家用插座上使用的电灯泡，如果改用干电池连接它的话，它会正常发光吗？

一节干电池的电压是1.5 V，所以要想使100 V专用灯泡正常亮起来的话，一节电池的电压是远远不够的。

因此，如果像图3中那样先将66节干电池串联，然后再与100 V专用灯泡连接在一起形成回路的话，那么整个

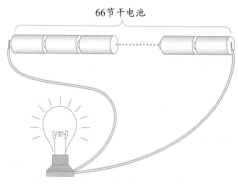

66节干电池

图3 用66节干电池连接100 V专用灯泡

电路上的电压是1.5 V × 66 = 99 V，这时100 V专用灯泡就会基本正常发光。（译者注：用电器上标注的电压是其正常工作的电压，叫作额定电压。一般用电器工作时的实际电压不能超过额定电压，以免烧坏用电器。所以，这里的实验只串联了66节干电池。）

据说，曾经有人将800节干电池串联在一起，使电车发动了呢。那得是有多大的电压才行呀！

图4　用数百节干电池发动电车

（长户　基）

超强力电磁铁到底有多强？

电磁铁的构造

电磁铁，里面的芯是铁做的，外面整齐地缠了很多层漆包线。漆包线是可以导电的，通电后可以产生磁性。

电磁铁中通过的电流越大，它的磁性就越强。因此，如果想要制作出强力的电磁铁，就必须要有可以产生巨大电流的电源呢。可是啊，电流一旦变得很大，漆包线就会跟着发热变烫，甚至烧断呢。之所以会发热，是由于里面有妨碍电流流动的作用（电阻）。

超导电磁铁

为了避免电磁铁过热，现在会利用到超导材料。"超导"指的是将物质冷却以后，在一定温度下（通常是非常低的温度）电阻就会消失的现象。一旦电阻消失了的话，那么电流流动的时候，就不会发热了呢，所以就算有大电流通过的话也没有关系。往返于东京和名古屋之间的磁悬浮列车，就使用了这种超导电磁铁。磁悬浮列车，是列车悬浮于轨道之上行驶的一种交通工具。超导电磁铁，有着能使列车悬浮起来的强大力量。

磁体磁性的强弱

你们知道磁体磁性的强弱是如何测量和表示的吗？

磁体一旦离得远了，力量就会变弱，因此我们应该测量磁体表面的强度。

另外，磁体磁性的强弱可以用磁感应强度来表示，其单位是特斯拉，简称特，符号是T。

如果是强度为0.5 T的磁体的话，那么1 cm²的表面上可以吸附起1 kg的物体。强度为1 T的磁体，5 cm²的表面上可以吸附起100 kg的物体。这可是相当大的力量啊！我曾经使用过强度为1T的磁体，一不小心就会吸到一起。如果将手指夹到两个磁体中间，很可能就会出现淤血，所以，使用磁体的时候一定要小心哟。

还有啊，如果磁体的强度达到8 T的话，那么一头非洲大象都可以被提起来呢。

世界上最强力的电磁铁

那么，世界上最强力的电磁铁，其强度到底有多大呢？

据说啊，最强力的电磁铁，其强度能达到80 T。从理论上来说，它可以提起6×10^5 kg的重物。也就是说，其5 cm²的表面上可以拉起1万个成年人。

实际上，还有强度比它更大的呢。据说有实验室产生了强度达720 T以上的磁场，可以提起80万人，也就是可以把住在大都市里的人全部提起来呢。那得有多强啊！而事实上，720 T那么大的磁感应强度是不能把人提起来的。为什么呢？这是由于它仅会出现于几微秒的极短时间内呢。

（常见俊直）

插线板具有隐患的原因

小灯泡的发光和连接方式有关

我们准备一节干电池和两个小灯泡，分别按照图1和图2中的连接方式把它们连接起来。就像前面我们讲过的干电池可以串联或并联那样，小灯泡其实也可以串联或者并联在电路中呢。图1中的连接方式是小灯泡的串联，而图2就是小灯泡的并联了。

下面，让我们来对比一下，再用一节干电池让一个小灯泡正常发光，看看分别按图1、图2所示的连接方式让小灯泡发光时亮度和正常发光的亮度有没有区别。

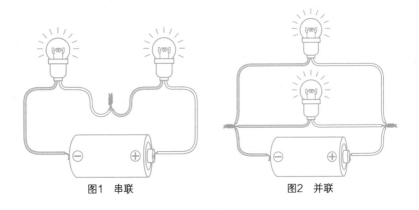

图1　串联　　　　　　　　　　　图2　并联

实验结果是，在图1所示的串联方式中，两个小灯泡的亮度都有点暗，没有正常发光时亮。当按照这种方式连接3个小灯泡时，它们的亮度就更暗了呢。

在图2所示的另外一种连接方式中，两个小灯泡的亮度都和正常发光时的亮度是一样的。在并联电路中，不管是连接3个、4个还是更多的小灯泡，它们的明亮程度都不会发生改变呢。

哪种连接方式更费电？

当电路中串联了两个小灯泡时，电流比只连接一个小灯泡时的电流要小，所以会更省电，干电池也用得更久。

当两个小灯泡并联在电路中的时候，经过两个小灯泡的电流均和只连接一个小灯泡时的电流是一样大的，所以电量消耗更大。在这种连接方式中，每增加一个小灯泡，就会多消耗一份电量。如果把小灯泡增加到3个或者4个，电池的电量就消耗得更快了呢。

插线板中各个插口是串联的，还是并联的？

如果使用插线板的话，就可以像图3那样，通过墙壁上的一个插座分出多个插口，让多个电器可以同时被使用。

那么插线板中各个插口是串联的，还是并联的呢？

事实是，它们是并联的哟。所以啊，就算连多个电器在上面，就跟只连一个电器是一样的，可以同时正常工作。

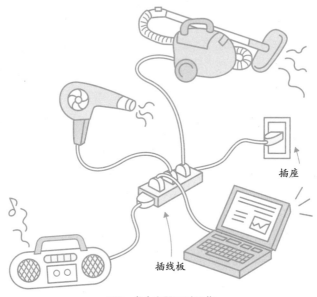

插座

插线板

图3　多个电器同时工作

插线板具有隐患的原因

　　这里需要专门说一下，其实，把多个家用电器插到一个插线板上同时使用，是十分危险的。为什么呢？

　　那是因为啊，多个电器同时工作的时候，流经每一个电器的电流会叠加在一起经过插线板的绝缘电线。若电器的功率都比较大的话，电线会发烫，导致绝缘层熔化，进而引起短路，产生火花，甚至引发火灾。是不是很可怕呀？

（长户　基）

让电流通过已经变成炭的意大利面或乌冬面

自动铅笔的笔芯可以导电发光

发明大王爱迪生，因为发明了电灯泡而世界知名。你们知道吗？爱迪生发明的电灯泡，使用的灯丝是炭化后的日本京都的竹丝。

爱迪生试图让电流通过炭丝使其发热，进而产生光，创造出耐用的电灯泡。可是，用各种经炭化的植物纤维来做实验以后发现，只有京都的竹丝炭化后可以用得最持久。

自动铅笔的笔芯中也含有很多炭，所以它和炭化后的竹丝一样，当电流通过时可以发出光和热。

当使用干电池产生6 V左右的电压的时候，自动铅笔的笔芯

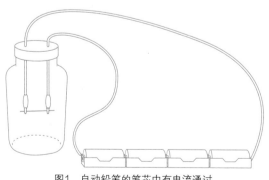

图1　自动铅笔的笔芯中有电流通过

就可以发光了。因为这个实验操作起来比较简单，所以经常作为自由研究的课题。

意大利面和乌冬面经炭化后也可以通电

炭，是在隔绝空气的情况下将材料直接进行烘烤而得来的。我们平时吃的意大利面、乌冬面等面条，在密闭无氧的空间中进行加热，也会变成炭。

也就是说，意大利面和乌冬面经炭化后也可以像自动铅笔笔芯和竹炭那样，有电流通过时发出光和热。

用实验来验证一下

制作炭的关键在于要将材料放到密闭的空间中，隔绝空气进行高温加热。

将一根意大利面放入钢笔的铁质辅助轴中，用铝箔纸包好，防止空气进入，再用酒精喷灯进行加热。加热后的物质如果掉落下来可以发出"叮"的金属声响，就证明可以通电的炭做好了。

让电流通过已经变成炭的意大利面或者乌冬面，它们就会发出光芒。

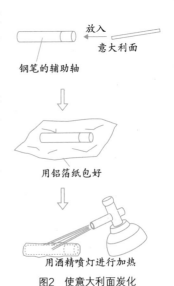

放入
意大利面

钢笔的辅助轴

用铝箔纸包好

用酒精喷灯进行加热

图2　使意大利面炭化

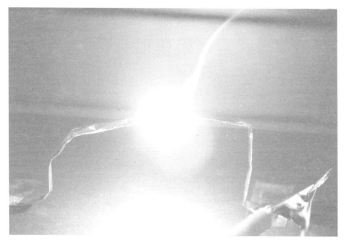

图3 发光的意大利面

无论什么东西有电流通过都会变热吗？

我们试着触摸一下发光的小灯泡，会感觉到小灯泡变热了呢。

当小灯泡的灯丝中有电流通过的时候，灯丝本身的温度会升高，然后发光。小灯泡会变热，就是这个原因。

事实上，不管是什么东西，只要有电流经过都会产生热。但是，电流容易通过（导电性能好）的东西，不怎么发热，而电流越难通过的东西，产生的热越多。

小灯泡的灯丝、自动铅笔的笔芯、炭化后的意大利面，这些都是电流不易通过的东西，所以容易产生热呢。

（长户　基）

手摇式发电机里面有什么？

手摇式发电机的内部结构

外观透明的手摇式发电机，它里面的样子可以看得清清楚楚。可以看到，里面似乎有一个电动机，还有若干个齿轮。这些齿轮组合在一起就形成了齿轮组。

转动旋转把手，与之直接相连的齿轮就开始转动了，随后其他齿轮也会跟着转起来，转速就会加大。齿轮组就是为了让转速能够更大才放进去的呢。

然后，"电动机"的轴也跟着转动了。

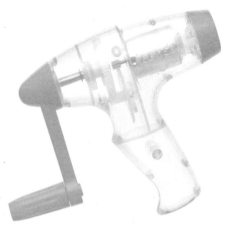

图1　手摇式发电机

电动机变成了发电机

电动机，在有电流通过的时候才能旋转。反过来，利用外力使它旋转，就可以发电了。也就是说，电动机和发电机的结构本质上是一样的。

如图2所示，常见的电动机里面有带铁芯的线圈和磁体，一般磁体是固定不动的，让线圈旋转起来，就可以产生电了。

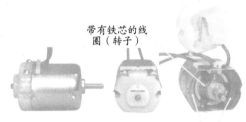

带有铁芯的线圈（转子）

磁体（定子）

图2 常见的电动机

当然，线圈不动，旋转里面的磁体，也同样可以发电。一些自行车的发电机，就是通过旋转磁体来发电的呢。

图3就是自行车发电机的结构示意图。圆环是安在自行车的车轮上的，车轮旋转的时候会带动圆环转动，进而使与圆环相连的磁体也转动起来。磁体一旦转动，线圈中便可以产生电了。

发电厂一般是利用水流、蒸汽的力量来使发电机旋

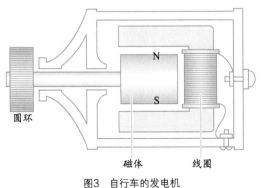

圆环

磁体　　　线圈

图3 自行车的发电机

转然后发电的。发电厂的发电机和自行车的发电机，它们的工作原理是一样的呢。

为什么会有齿轮呢？

手摇式发电机的齿轮组，是为了让发电机的线圈能够更快地旋转而安装的。发电机的种类不同，转速增加的情况就不一样，一般可以使转速增大50倍左右。为什么必须要让里面的线圈如此快速地旋转呢？

要使小灯泡亮起来，发电机需要产生和电池一样稳定的电，也就是要有稳定的使电流流动的作用（电压）才行。发电机产生的电压，跟它内部线圈的转速有很大关系，转速越大，电压就越大。当然，电压具体可以高到什么程度，还要看使用的是什么样的发电机（**译者注：线圈的匝数、面积和磁感应强度等也会影响电压的大小**）。手摇式发电机要发电的话，里面的线圈每分钟起码要转5000次才可以。

我们手摇的话，就算拼尽全力，1分钟最多也就能摇200圈。在不勉强的情况下，1分钟大概能摇100圈。为了能够使线圈每分转5000次，我们还是使用齿轮组吧。

（福武　刚）

电动机里面有电磁铁在运转

有刷直流电动机（以下记作"电动机"），不仅利用电池来工作的玩具中会使用到它，在汽车、笔记本电脑等可移动设备中也会使用到它。下面，我们来看一下电动机的工作原理吧。

电动机里面有什么？

让我们拆解一个常见的电动机来看看。如图1所示，用螺丝刀拧开右侧的塑料部分，取下来，就可以将电动机拆解开了。如图2所示，电动机被拆解成了三个部分。

在盒子里面，左右两侧各有一个磁体。一个磁体的N极和另一个磁体

图1　电动机

盒子

转子

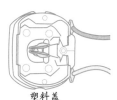

塑料盖

图2　电动机的结构

的S极是朝向内侧的。

中间的部分，是一个叫作转子的零件。转子在两侧磁体的中间，当电动机和电池相连通电以后，转子就会旋转。转子的芯是铁做的，里面有3个由漆包线绕成的线圈。当电流通过这些带铁芯的线圈时，线圈就会产生磁性，没有电

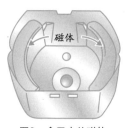

图3　盒子中的磁体

流时它们就失去磁性，这就是我们常说的电磁铁。漆包线连接着转子右侧的零件（换向器）。在换向器上面，有3个可以通电的接口，和电磁铁的数目是相同的。

在最右侧的塑料盖里面，有一对导线分别连接着一个电刷，这对

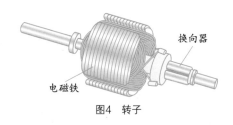

换向器

电磁铁

图4　转子

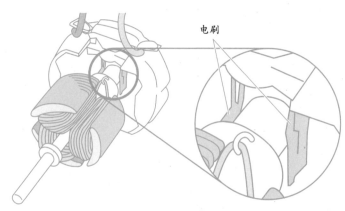

电刷

图5　电刷与换向器紧密接触

导线的另一端可分别连接电池的正负极。当通电的时候，电流从电池正极出发，从电刷经过换向器，流进电磁铁，最终又从电刷流回负极。

电动机，是能够使被磁体夹在中间的转子旋转的装置。我们一起来看一下电磁铁旋转的原理吧。

电磁铁旋转的原理

电动机中的电磁铁是怎样旋转的呢？

磁体的N极和S极是相互吸引的，N极和N极、S极和S极是相互排斥的。当电磁铁中的电流方向改变的时候，它的N极和S极也会对调。如果可以让夹在两块磁体之间的电磁铁中的电流方向在合适的时间发生改变，就可以利用电磁铁和磁体之间的吸引和排斥使电磁铁旋转起来。

观察图6，当转子处于图中所示位置时，电流会从正极出发，经过换向器的1号接口。之后，一条线上的电流会通过电磁铁A，再经3号接口流向负极；另外一条线上的电流会经过电磁铁B和电磁铁C，再经过3号接口流向负极。让我们看一下电磁铁的线圈中电流的方向：电磁铁A上的电流，是从外侧（弧形端）流向内侧（轴）；电磁铁B和C上的电流，是从内侧流向外侧。因为电流的方向不同，电磁铁A的外侧就相当于N极，与左侧磁体的S极是相互吸引的；电磁铁B和C的外侧相当于S极，其中电磁铁B的外侧与右侧磁体的N极相互吸引，C的外侧与左侧磁体的S极相互排斥。因此，电磁铁会逆时针旋转。当转子开始旋转以后，换向器也跟着旋转，每块电磁铁里面流经的电流的方向会适时变化，电磁铁的磁极（N和S）会跟着发生改变，以避免电磁铁与磁体相互吸引，无法继续旋转。

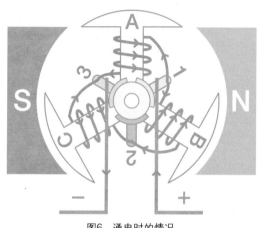

图6　通电时的情况

换向器起到的作用就是，改变电磁铁中通过的电流的方向，使电动机一直运转。

（福武　刚）

发电的原理

水力发电、火力发电、核能发电是一样的吗?

发电站有各种各样的类型，比较具有代表性的有水力发电站、火力发电站、核电站、风力发电站，等等。

不管是哪种发电站，都要通过涡轮机使发电机旋转，从而产生电。

因此，不同类型的发电站之间的区别，就在于让涡轮机旋转的能量来源不同。

水力发电

水力发电，利用水从上向下落的时候产生的能量使涡轮机旋转。这和水车在流水的作用下旋转起来是一个道理，把水车换成涡轮机，涡轮机上的叶片接触到流水以后就会旋转起来。

火力发电

火力发电，并不是说用火加热直接让涡轮机旋转起来，而是先用火将水烧热产生大量水蒸气，然后利用水蒸气喷出时所产生的力量使涡轮机旋转。

这种发电方式，通过调整火的大小可以相应地调整水蒸气喷出的量。也就是说，可以通过调整涡轮机叶片的旋转快慢来调整发电量。比起其他的发电方式，火力发电只需通过调整火的大小就可以调整发电量，更便于控制。

核能发电

核能发电，也要先通过给水加热来获取水蒸气，再借助水蒸气的力量使涡轮机旋转。在这一点上，它与火力发电是一样的。但是，在给水进行加热的时候，核能发电所使用的能量与火力发电是不同的。

在核能发电中，不是用火来给水加热，而是通过叫作核裂变的反应所产生的能量来给水加热的。

比起物质燃烧释放的能量，核裂变中同等质量的原子所产生的能量是前者的上百万倍。不过，这种发电方式虽然可以产生巨大的能量，但是无法在短时间内对水蒸气的量进行调整。

另外，核能发电一旦发生事故，会泄漏对生物有危害的放射性物质。因此，这种发电方式也是最需要有足够的安全保障的发电方式。

组合发电

人们所需要的电量，各个时段并不是相同的。简单来说，白天有很多人需要工作或进行各种活动，而夜晚有很多人会睡觉，因此白天和夜晚人们需要的电量就是不同的。一般一天中用电最多的时候和最少的时候相比，用电量相差有2倍之多。

如果发的电很多都没有使用，就会造成浪费，因此就必须调整发电量。水力发电和核能发电在短时间之内都无法改变发电量，它们总是按照一定的量来发电的。所以，将它们与方便调整发电量的火力发电进行组合，就可以解决昼夜用电差异的问题了。

太阳能发电

另外，太阳能发电也在兴起，发展得比较迅速。

太阳能发电，正如它的名字，是将阳光中的能量转化成电能的一种发电方式。

太阳的光线，理论上在 $1\ m^2$ 的面积上可以产生大约 $1000\ W$ 的功率，相当于两台家用微波炉的功率之和。不过，人们是利用由半导体材料制成的特殊装置来将太阳能转化成电能的，这个过程中能量会有损耗。

现在，人们把太阳能发电称为"绿色清洁能源"。但是，如果把日本的发电全部换成太阳能发电的话，需要铺设大面积的光伏设备，这样一来地面上就没有像现在这样可以每天温暖着大地的阳光了，恐怕日本的气象环境也会相应地发生改变吧。无论什么事情，掌握合适的分寸才是最重要的。

（常见俊直）

电容器有什么用处?

电容器是什么东西?

可以把电暂时保存起来的电子元件，叫作电容器。

在电路中放入电容器的话，就可以将多余的电收集起来，一旦出现电量不够的情况，马上就可以进行补充，起到了让电路中的电流保持稳定状态的作用。

图1　各种大小的电容器

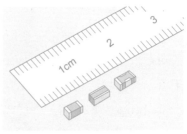

图2　小型电容器

电容器和蓄电池有什么区别?

有一种和电容器功能差不多的，也可以将电储存起来然后使用的装置，它就是可以重复使用的蓄电池（也叫充电电池）。蓄电池是通过内部发生化学反应来储存电和释放电的。

在反复的充电和放电过程中产生了热，蓄电池就会有损耗。而电容器的话，不是利用化学反应来储存或释放电的，所以在充电和放电的过程中不会发生损耗。也因此，电容器被广泛地应用于各种电器的电路中呢。

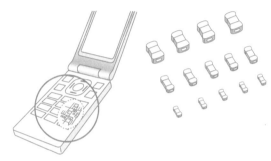

图3　手机中使用的电容器

比如，手机里面就使用了200个以上的电容器，电视机里面使用了1000个以上的电容器呢。

电容器还被用于电脑等的存储装置中

电脑和游戏机的存储装置（存储器）中也会用到电容器。

我们可以把电容器的蓄电状态记作1，把未蓄电状态记作0，这样，电容器就可以用来记录数据了。为了能够存储记忆更多的内容，电脑里面的存储设备实际上是把集合了很多电容器的电子部件组合在了一起，里面有很多巧妙的设计。

如果没有电容器的话，我们的生活可能完全不像现在这样美好呢。

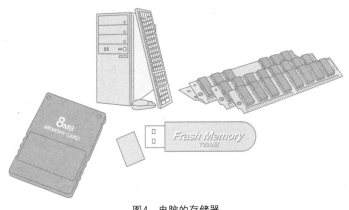

图4　电脑的存储器

（长户　基）

利用单摆振动规律制作的时钟

单摆往返1周的时间

将一根细线的一端系上一个摆锤，另一端找到一个支点固定起来。像这样的，以支点为中心来回摆动的装置叫作单摆。

单摆的长度，并不是按照线的长度来计算的，而是支点到摆锤中心（重心）的距离。

让我们准备一根摆长为25 cm的单摆，拉开摆锤，使之偏离平衡位置一个小角度，然后放开，就像图1中显示的那样。摆锤从初始位置①出发，按照①→②→③→②→①的顺序运动并返回到初始位置，这样算作往返1周。我们用单摆往返很多次的总时间除以往返的次数，就可以知道单摆往返一周所需要的时间（周期）了。

实验的结果是，10秒钟往返了10次。

也就是说，摆长为25 cm的单摆往返1周的时间（来回1次所需要的时间）正好是1秒钟。

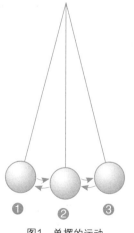

图1　单摆的运动

单摆的等时性

在单摆的长度固定不变的情况下，加大摆动的幅度，摆锤往返1周的时间会发生变化吗？让我们在图1中位置①的基础上，把放开摆锤的初始位置再往远处移一点。

测试的结果是，在10秒钟的时间内还是往返了10次。

无论是把摆动的幅度增大，还是减小，往返1周的时间都不会发生改变呢。

下面，我们再做一个实验吧。这回，单摆的长度仍然不变，我们尝试增加摆锤的质量，那么往返1周的时间会发生变化吗？让我们把细线的一端系上两个摆锤来试试看吧。

测试的结果仍然是10秒钟往返10次啊。

也就是说，单摆往返1周所需要的时间，与摆动的幅度、摆锤的质量是没有关系的。实际上，单摆的振动周期仅由单摆的长度来决定。

我们把单摆所具有的这种性质叫作单摆的等时性。

利用单摆振动规律制作的时钟

摆钟，就是利用单摆的振动规律来制作的。

现在，我们使用的绝大多数钟表是水晶振动式电子钟表，也就是石英钟表，是通过电使水晶发生规律的振动从而显示时间的。在石英钟表还没有被发明出来之前，人们使用的是通过单摆振动来测量时间的摆钟。

像图2中那样，摆钟里的单摆结构是在一根杆子的一头固定一个摆锤。每当钟摆摆动的时候，摆钟会发出规律的"嘀嗒"声。

钟摆的另一头连接着装有齿轮的装置（叫作擒纵器），每当钟摆来回摆动1次，就会让齿轮的1个齿前进一格。你们听到的"嘀嗒"声，就是齿轮转动时所发出来的声音。摆钟工作的动力来源是发条。利用卷曲的发条回弹的力量，就可以使装有时针和分针的齿轮转动。擒纵器的作用就是，配合钟摆的摆动使齿轮旋转，同时将发条产生的回弹力传递给钟摆，这样就可以让钟摆持续地摆动下去了。

图2　摆钟

单摆的长度变化，时间也会变化

如果单摆的长度发生改变的话，那么它摆动一周的时间也会改变呢。如果是那样的话，摆钟所显示的时间就和准确的时间有差距了。

从图2中可能看不出来，实际上，摆锤的下面是有螺丝的，转动螺丝可以使摆锤上下移动。当摆钟时间比实际时间晚的时候（摆钟走慢了），可以通过调高摆锤的位置，缩短钟摆的长度，使摆钟走得更快些；当摆钟时间比实际时间提前的时候（摆钟走快了），可以通过调低摆锤的位置，增加钟摆的长度，使摆钟慢下来。前面我们说过，单摆的长度并不是线或者杆的长度，而是从支点到摆锤重心的距离。所以，我们可以通过调整摆锤的位置来调整钟摆往返一次的时间，从而达到校正摆钟时间的目的。

（福武　刚）

可以任意振动的单摆

只需微微晃动，摆锤就会大幅度地摆动

手拿一根细线的一端，将细线的另一端系一枚5日元硬币，让手微微晃动。你会发现，即使手晃动的幅度十分微小，持续一会儿，单摆的摆动幅度也会大起来。

单摆按照一定的周期摆动，它的振动周期或频率是由摆长决定的。如果按照它的频率来振动细线，单摆摆动的幅度就会变得更大。像这样，一方（手）振动可以使另一方（单摆）也振动，当二者的振动频率相等时，另一方的振动幅度可以达到最大，这种现象叫作共振。

图1　通过手晃动单摆

同时晃动摆长不同的两个单摆，两个单摆的振动幅度会一样吗？

在筷子上系两根细线，并分别挂一个摆锤。从筷子上垂下来的细线的长度分别是20 cm和10 cm。手持筷子，左右微微晃动。你会发现，当让摆长较短的单摆大幅度振动的时候，摆长较长的单摆的振动幅度会变小；当让摆长较长的单摆大幅度振动的时候，摆长较短的单摆的振动幅度会变小。

共振，只发生于以相同频率进行振动的物体之间，所以振动频率不同的单摆是无法以相同的幅度进行振动的。

使目标单摆大幅度振动

这次，我们在筷子上系三根细线，一共悬挂三个摆锤，如图2所示。它们的线长分别是10 cm、15 cm、20 cm。用眼睛仔细地盯着想要振动的那个单摆，然后左右微微地晃动筷子。过了一会儿，一直盯着的那个单摆的摆动幅度大了起来，而其他两个单摆的摆动幅度要小得多。

这是因为，摆长不同，单摆振动的频率也会不同，与筷子的振动频率保持一致的那个单摆会发生共振，摆动的幅度就会变大。

图2　同时振动3个单摆

吊着相同长度单摆的"秋千"（共振摆）

在一根筷子的左右两端分别垂挂两个长度相等的单摆，再将筷子用两根细线吊起来，保持水平，如图3所示。由于筷子是吊在绳子上的，所以它可以微微晃动。将垂挂着的两个单摆中的一个（右侧）抬起后放下，这个单摆就开始振动了。没过多久，振动通过筷子传递到左侧静止的摆锤上，于是左侧原本静止的单摆也跟着振动起来。

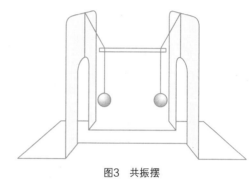

图3 共振摆

之后，左侧单摆的振动幅度变大，最先振动的右侧单摆渐渐地停下来。不一会儿，右侧的单摆又开始大幅度振动，而左侧的单摆又停了下来……像这样，左右两个单摆交替地振动着。这样的装置，叫作共振摆。

共振可能造成危害

共振是以相同频率的小幅度振动产生大幅度振动的现象。不仅单摆之间会出现共振现象，高楼和吊桥等也会发生共振。不算很强劲的风吹动吊桥，引起共振的话，会使桥发生损坏。

在美国就发生过这样的事件。还有摩天大楼，在地震的时候发生共振的话，会大幅度摇晃。因此，为了防止地震时高楼发生共振，最近有一些新技术被应用到高楼的建设中。

（福武　刚）

用杠杆可以撬动地球吗？

"给我一个支点，我就可以撬动地球！"

这是大约2200年前古希腊伟大的物理学家、数学家阿基米德的名言。阿基米德，被认为是世界上最早从科学的角度来解释杠杆原理的人。这句名言中所说的"支点"，就是杠杆的支点呢。你们觉得有了支点，真的能通过杠杆撬动地球吗？

使用杠杆的话，力的作用可以被放大

大家应该都知道，使用杠杆的话，力的作用可以被放大很多倍呢。在杠杆上，有一个不活动的地方，叫作支点。如果用"支点到动力作用线的距离÷支点到阻力作用线的距离"这个公式来计算的话，就可以知道动力的作用到底变大了多少倍（译者注：能够使杠杆转动的力叫动力，阻碍杠杆转动的力叫阻力。通过力的作用点，沿力的作用方向的直线叫力的作用线。从支点到力的作用线的距离叫力臂，其中，支点到动力作用线的距离叫动力臂，支点到阻力作用线的距离叫阻力臂）。比如，像图1中那样，跷跷板就相当于一个杠杆，让一个体重100 kg的大人站在A处，那么想要把这个大人翘起来，只需要能

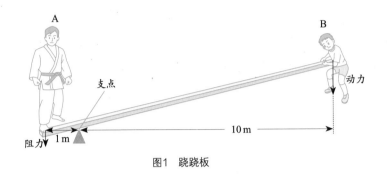

图1 跷跷板

拿起10 kg重物的力就可以了。这样的话，就算是小学生，也可以把体重100 kg的大人翘起来呢。

　　普通汽车，使它一直保持空挡状态，如果大人用力推的话，可以推动。可是小学生的话，直接推就非常困难。这种情况，如果可以使用杠杆把力的作用扩大数倍，哪怕是小学生也可以轻松地推动呢。

就算用杠杆也撬不动地球

　　使用杠杆可以使力的作用扩大很多倍，那么，人通过杠杆可以撬动地球吗？用图1中的跷跷板肯定是不行的。那如果是制造一个长度有几千米的巨型杠杆会怎么样呢？而且我们不用人的力量，用一个能施展出强大力量的发动机来推动杠杆，可以说是集中人类全部的科学技术来做这件事，这样就可以使地球移动了吗？

　　答案是"NO"（否定的）。当然没有人可以制作那么大的杠杆来做这个实验。但是，结合物体的运动规律，我们也可以知道会发生什么。现在的观点是，无论是巨大的杠杆，还是撬动杠杆的人或设备，都是处在地球上的。只要是在地球上，那么无论做出多大的努力，也绝对不可能改变地球的运动（准确地说，是地球重心的移动）。就像我们再怎么用双手使劲儿地抱住自己向上提，也不可能使自己悬到空中，它们其实是同样的道理。

到宇宙中去实验

在地球上如果不行的话，那么离开地球到宇宙中呢？阿基米德说"给我一个支点"，这确实是一个大问题呢。来到宇宙中的话，没有了地面，只有各种恒星、行星等，它们在相互之间的力量影响中运动着。想象着可以在哪里固定一个支点，然后用力压杠杆一端，这样的假设还是基于在地面上居住生活产生的固有印象，在宇宙中其实是行不通的。

那怎么办呢？大家应该都知道，地球大约1年绕着太阳转一圈。所以呀，即使不使用杠杆，地球本来也是在运动着的呢。

（田崎真理子）

比一比谁更有劲儿！

一般来说，在力量比拼的时候，失败的一方如果稍稍运用一些简单的科学知识，是可以转败为胜的。为了能够取胜，一定要选择对自己更有利的条件。要想做出正确的选择，掌握和运用科学知识是必不可少的。

比一比旋转的力量（转动棒球棍）

拿一根棒球棍来比试一下。一般我们手握的一头会比较细，用来打球的一头会比较粗。现在，你自己手握着粗的一头，让另一个人手握着细的一头。因为粗的那头用一只手是握不住的，所以要用两只手一起握才行。要确保拿着细的一头的那个人也用双手握着棒球棍。先问好对方打算往哪个方向旋转，然后自己就准备往相反的方向旋转。一声令下，两个人同时开始旋转。这样比试下来，你一定会赢。如果没有棒球棍的

图1　旋转棒球棍

话，拿一个瓶口较细的啤酒瓶或者红酒瓶来试验也可以。

可以用杠杆原理来解释

　　为什么握着粗头的一方会胜利呢？棒球棍就相当于一个杠杆，所以这个问题可以用杠杆原理来解释。请观察一下图2，大小两个不同的圆，分别相当于棒球棍的粗头和细头附近的受力点（即你和对方施加的力的作用点）旋转时的轨迹。对方一只手紧紧握住细的一头的端点（相当于支点），另一只手握在端点附近（小圆的圆周上）发力，使棍朝顺时针方向转动。而你握着粗的一头（大圆的圆周上）发力，使棍朝逆时针方向转动。为了能够方便解释，我们假设大圆的半径就是小圆半径的3倍吧。

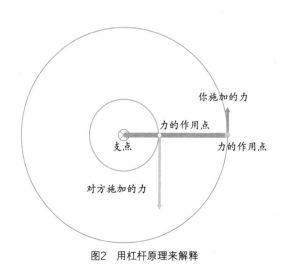

图2　用杠杆原理来解释

087

我们把你施加的力视作动力，把对方施加的力视作阻力，假设你施加了"1个力"，那么为了与你抗衡，对方至少会消耗多少力呢？因为从支点到动力（你施加的）作用线的距离是从支点到阻力（对方施加的）作用线的距离的3倍，所以对方至少需要消耗的力恰好是你施加的力的3倍，也就相当于"3个力"[1]。所以，完全可以利用棒球棍两头的粗细区别，以较小的力来取得旋转比拼的胜利呢。

阀门上的旋转把手越大，力对它的旋转作用越大

像这样，我们可以将旋转作用的大小用"力×支点（转动轴）到力的作用线的距离（力臂）"这个公式来计算表示[2]。

大家常常看到的自来水管道阀门上的圆形方向盘一样的旋转把手，是为了便于转动螺栓的主轴而安装的。

想要旋转作用变得更大的话，就要使用更大的把手（增大力臂）。而大的旋转把手，一般需要用两只手一起施力，这样旋转作用也会更大。像图3中那样大的圆形旋转把手，就是为了能够方便开关大阀门而安装的呢。

1　杠杆原理，又称杠杆平衡条件，即动力×动力臂=阻力×阻力臂。
2　力和力臂的乘积叫作力对转动轴的力矩。力矩越大，力对物体的转动作用就越大。

图3 阀门上的旋转把手

（福武 刚）

为什么跷跷板不能保持平衡？

跷跷板很难保持平衡

一个孩子正在公园里的跷跷板上玩耍。孩子站在跷跷板的正中央，非常认真地移动着身体，想要让跷跷板保持平衡。如果孩子不做出一些努力的话，跷跷板就不能保持平衡，无法处于水平位置。

两个人坐在跷跷板上也是同样的，跷跷板基本上不会在水平或者倾斜的状态下停在空中。如果仔细观察的话，可以发现，向下降的那一头，小孩的脚要蹬一下地才能升起来。升起来以后，当高度超过水平位置时，跷跷板就会向对面倾斜，这回就轮到对面下降了呢。

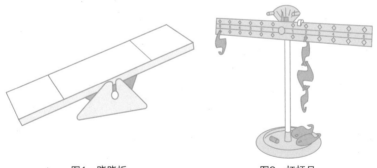

图1 跷跷板　　　　　　图2 杠杆尺

用杠杆尺来做实验的时候，先让左右两侧重量相等，达到平衡状态。然后，让两边的重量稍微不相等，杠杆尺就不能保持平衡了，这时杠杆尺会向一侧微微倾斜并停下来。如果在平衡状态的杠杆尺的一侧直接多挂一些钩码的话，那么加重的那一侧会马上倾斜下降。跷跷板和杠杆尺为什么会有这样的差异呢？

杠杆尺和与次郎人偶的设计原理是一样的

杠杆尺和与次郎人偶的设计原理是一样的，都有一个支点，一旦左右不平衡了，就会晃晃悠悠地左右倾斜，然后慢慢地回到原来的位置。这种摇摇晃晃的现象，可以用重心和支点的位置关系来解释。

我们思考物体受到的重力时，可以认为物体各部分受到的重力都集中在一个点上。这个点就叫作重心。如果把物体悬挂在一个点（以下叫作支点）上，那么这个物体的重心一定会向支点的正下方移动。与次郎人偶之所以可以竖直站立，就是因为它的重心被设计在支点下方（详细内容可以参见第100页的《为什么与次郎人偶可以直直地站立？》）。

在思考杠杆尺的时候，我们要把关注的重点集中到尺上。杠杆尺某一侧的质量增大后，那一侧会降到支点以下，所以重心会移到支点再往下面一些的位置上。当杠杆尺左右两侧保持平衡的时候，重心就紧挨在支点的正下方，此时杠杆尺就是水平的。

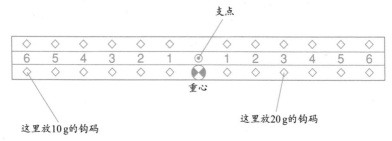

图3　杠杆尺的重心

这里放10g的钩码

这里放20g的钩码

支点

重心

跷跷板的重心在哪儿？

那么，跷跷板的重心在哪里呢？当跷跷板上没有人坐的时候，重心大概是在跷跷板的板子内部吧。当像图4那样左右两侧放上人偶以后，跷跷板的重心就应该在板子表面上方一点的位置了。

图4　跷跷板的重心上移

如果跷跷板悬浮在空中的话……

如果跷跷板悬浮在空中的话，那么它的重心就会移到支点的正下方，这样的话，人偶就要倒置过来。

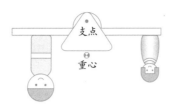

图5　悬浮在空中的跷跷板

跷跷板会倾斜着停在地面上

实际上，因为跷跷板是放在地面上的，所以当一头倾斜着地或坐在一侧的人的脚着地时，跷跷板就会停下来。因为跷跷板会倾斜着停下来，所以如果人不用脚蹬地的话，着地的一侧就不会再上升向对面倾斜了呢。

图6　跷跷板倾斜时，重心偏向下降的一侧

（福武　刚）

这些也是杠杆吗？

起子是阻力作用点在中间的杠杆

开啤酒等玻璃瓶盖子的起子，是阻力作用点在支点和动力作用点之间的一种杠杆。同样的还有使用两根杠杆的核桃夹子。

这种类型的杠杆中，支点到动力作用线的距离比支点到阻力作用线的距离要长，可以省很多力。值得一提的是，同样可以省力的羊角锤，其支点在中间，阻力作用点和动力作用点在两侧，而起子和核桃夹子的阻力作用点和动力作用点在支点的同一侧。

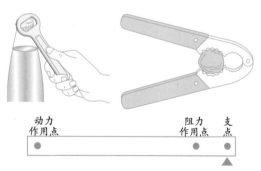

图1　阻力作用点在中间的杠杆：起子和核桃夹子

动力作用点在中间的杠杆可以扩大动力的作用范围

从外表可能看不出来，当我们弯曲胳膊或伸直胳膊的时候，里面的肌肉使骨像杠杆一样活动。

如图2所示，当弯曲胳膊的时候，A处的肌肉会收缩，拉动小臂骨，以肘关节为支点，使手向上活动。即使肌肉只收缩一点，手也会上升很多。像这样的动力作用点在支点和阻力作用点之间的杠杆，不能省力，但可以扩大动力的作用范围（节省动力臂）。

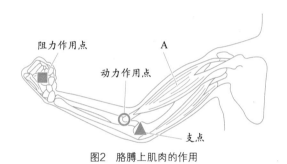

图2　胳膊上肌肉的作用

U形夹剪（如图3所示）、夹子（如图4所示）、镊子等，都是使用动力作用点在中间的两根杠杆做成的工具，可以让手的作用范围延伸，使人干起活来更方便。

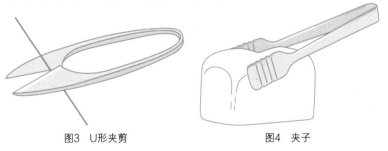

图3　U形夹剪　　　　　　　　图4　夹子

可以扩大旋转作用的杠杆

如果仔细观察杠杆的活动，你会发现，不管是什么样的杠杆，都会以支点为中心进行旋转。旋转物体时，动力的作用点离支点越远，旋转作用就越大。因此，这类杠杆一般都有相应长度的手柄来与所需的旋转作用相匹配。

拧螺母的时候都会用到扳手。要拧紧螺母，需要有较大的旋转作用才行，因此会使用到又大又长的扳手。

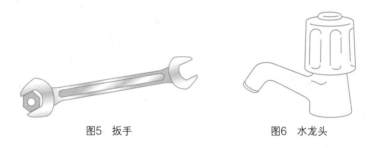

图5　扳手　　　　　　　　图6　水龙头

圆形的可旋转把手，也是一种可以产生旋转作用的杠杆。你可以试着将水龙头上的旋转把手取下来，只用手指捏住里面的轴进行旋转，你会发现很难转动。多亏有了直径比轴大的把手，才让水龙头的旋转变得如此轻松。

好好地观察一下我们周围的事物吧。你会惊讶地发现很多东西都用到了杠杆的原理呢。

（福武　刚）

我们身边的杠杆

一些杠杆为什么可以省力呢？

钉得很牢固的钉子，如果使用羊角锤的话，就可以轻轻松松地取下来。如果直接用手往外拔钉子的话，会花费很大的力气呢。

为什么使用羊角锤可以只花费很小的力气，却发挥出很大的作用呢？这就得提到杠杆原理了。羊角锤，正是利用了这一原理的工具呢。

杠杆上有几个重要的点：支撑杠杆的点（支点）、给杠杆施力的点（动力作用点，也可以叫用力点）、杠杆克服阻力的点或者说杠杆受力后发生作用的点（阻力作用点，也可以叫杠杆的作用点）。让我们用羊角锤来重温一下杠杆原理吧。

羊角锤的作用点在它与钉子接触的位置上，支点在羊角锤弯曲的弧度部位，用力点在手握着施力的地方。拔钉子时，支

杠杆原理：

从支点到动力作用线的距离 × 动力
= 从支点到阻力作用线的距离 × 阻力

点处于羊角锤的作用点和人的用力点之间。

如果我们使用杠杆原理的话，就可以知道羊角锤把钉子往外拔的力（其大小等于钉子施加的阻力），是人在用力点施加的力的几倍。

$$\frac{\text{从支点到动力作用线的距离}}{\text{从支点到阻力作用线的距离}}$$

按图1这种方式拔钉子，羊角锤作用在钉子上的力大概是人施加的力的6倍。如果羊角锤更长的话，可能就是10倍以上了。

那么，我们用图1中的羊角锤来拔长度是1 cm的钉子，手会移动几厘米呢？手移动的距离也正好是钉子长度的6倍呢。

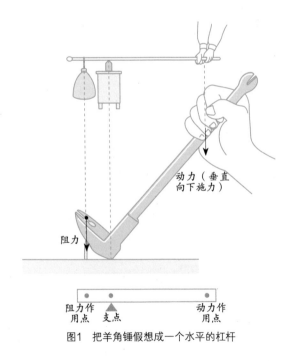

图1 把羊角锤假想成一个水平的杠杆

剪刀使用的是两根杠杆

剪刀，是通过安装到一起的两个刀片来剪东西的。剪刀的支点就在两个刀片交叉中心的那个螺丝上（圆的部分），刀刃与物体接触的位置就是剪刀的作用点，手握把手施力的位置是人的用力点。

用办公用剪刀剪厚纸的时候，要尽量用刀刃根部（靠近支点的地方）来剪，通过缩短支点和剪刀的作用点之间的距离来增大剪刀裁剪物体的力。如果不这样做的话，那么握着剪刀的手就必须得使更大的劲儿才行。

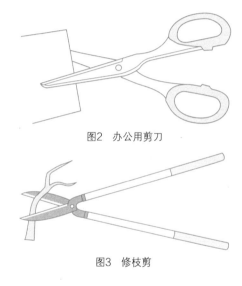

图2　办公用剪刀

图3　修枝剪

除了办公用剪刀，还有修剪枝叶时用的修枝剪。剪断枝叶需要有很大的力量才行，所以修枝剪有很长的把手，支点到人的用力点的距离比较长。同时，用力点需要人施加很大的力，所以园艺师们一般用两只手分别握着修枝剪的两个把手来修剪枝叶呢。

（福武　刚）

为什么与次郎人偶可以直直地站立?

与次郎人偶只有一只"脚"

与次郎人偶只用一只"脚"就可以站立,而且它的"脚"是尖的。把铅笔没有削的那一头(笔尾)朝下是可以让铅笔立起来的,如果把已经削好的尖头朝下,应该是立不起来的。那么,与次郎人偶为什么只用一个"脚尖"就可以保持站立的姿势呢?

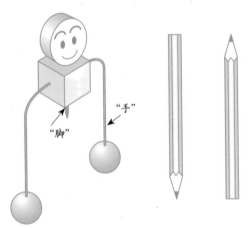

图1　与次郎人偶、铅笔

我们能把铅笔立起来

地面附近的物体由于地球吸引而受到的力，叫作重力。在考虑物体所受重力的时候，我们可以认为物体各部分受到的重力作用集中在一个点上，这个点就是重心。

铅笔的重心就在铅笔的中心上。重力从重心出发，竖直向下。把铅笔按尾部朝下竖直放置时，由于重心在铅笔尾部平面的正上方，所以铅笔可以立起来（如图2中A所示）。如果让铅笔倾斜一定角度并松开手，重心就会偏离铅笔尾部正上方的位置了，所以铅笔会倒下去。

笔尖朝下时铅笔倒下的原因

那么，按理说让铅笔的笔尖朝下，使重心在笔尖的正上方，铅笔就应该可以立起来了（如图2中B所示）。而实际上，松手后笔尖朝下是立不起来的。

像周围的空气在流动或者桌子微微地振动等不可避免的因素，都可以让铅笔发生那么一点点的晃动。

一旦铅笔倾斜，哪怕只是一丁点儿（如图2中D所示），铅笔的重心就不在笔尖的正上方了，于是铅笔就会倒下来。当笔尾朝下立起的时候，若铅笔只发生了微微的倾斜，重心是不会偏离笔尾平面的正上方的（如图2中C所示），所以铅笔可以立着。

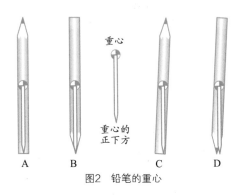

图2 铅笔的重心

与次郎人偶的重心在支点下方

与次郎人偶只用一只"脚"支撑着整个身体。由于左右两个球形重物都在下方,所以它立在桌面上时重心在"脚尖"(支点)的正下方(如图3中A所示)。

当与次郎人偶的上身向左侧倾斜的时候(如图3中B所示),其重心会转移到支点的右侧,此时与次郎人偶会以支点为中心旋转。因为重心有向支点正下方移动的倾向,所以当重

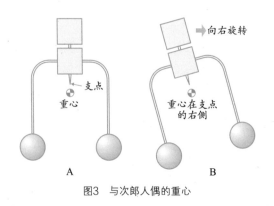

图3 与次郎人偶的重心

心向左移动的时候，与次郎人偶的上身会向右移动，也就是说与次郎人偶上身移动的方向和它倾斜的方向恰好相反，这样与次郎人偶就可以恢复到原来的站立姿势了。

想让与次郎人偶直立，只要让它的重心在支点的正下方就可以了。

（福武　刚）

不倒翁为什么不倒呢？

我们把不倒翁放倒，然后松开手，不倒翁会立即"屁股"朝下再立起来。一开始它会剧烈地左右摇摆，慢慢地，摇摆的幅度会变小，继而恢复到原来静止的状态。

图1　不倒翁

不倒翁的重心明明在支点的上方却不倒

不倒翁和与次郎人偶一样，将它们放平以后，它们会晃晃悠悠地再回到原来的站立姿势。

只有一只"脚"的与次郎人偶之所以不倒，是因为它的重心在支撑重量的"脚尖"（支点）的正下方。而放在桌子上的不倒翁，是它的底部支持着它的整个身体。它的底部像碗一样圆溜溜的，接触桌子的部分只有一个点，这个点就是支点。重心在不倒翁的内部，也就是在支点之上。

明明重心在支点的上面，不倒翁却不会倒。这是为什么呢？

不倒翁的特点

我们拿一个不倒翁放在手里好好地看一看吧。它的底部是半球形的。你们有没有感觉到它的底部有点沉呢？用透明胶带将绳子与不倒翁粘在一起，利用绳子吊起水平放倒的不倒翁，来观察一下不倒翁水平放倒后平衡状态下的位置。你会发现不倒翁的重心在吊起它的线绳的正下方，而且不倒翁的重心比它直立时的中心要低得多。

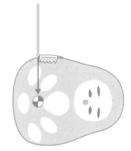

图2　吊起水平放倒的不倒翁

底部是半球形的，重心接近底部，这些貌似都是不倒翁的特点呢。

不倒翁重心的位置比底部的球心还要低

下面让我们来观察一下两个玩具的纵剖面示意图（如图3所示）。

A和B两个玩具虽然底部都是半球形的，但是高度不同，A矮，B高。高一些的B，其重心也会比A的重心高。

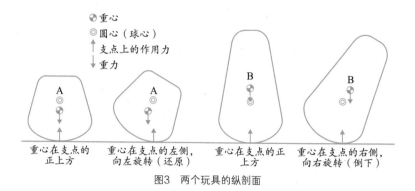

图3　两个玩具的纵剖面

　　无论是A还是B，在直立的时候，支点都在重心的正下方。

　　下面，我们试着让它们都向右倾斜，来看一看有什么变化。可以发现，它们两个的支点（和桌子接触的部位）都移动了。

　　重心比较低的A，此时其重心在支点的左侧，以支点为中心向左旋转的力发挥着作用。所以，倾斜着的A又会回到原来的竖直状态。

　　重心比较高的B，与A相反，此时其重心在支点右侧，以支点为中心向右旋转的力发挥着作用。所以，B会继续旋转着倒下。

　　倾斜的时候，如果重心相对于支点的移动方向与倾斜的方向相反的话，玩具就会比较稳定，不会倒下。相反，如果重心相对于支点的移动方向与倾斜的方向相同的话，玩具就不稳定，会倒下去。那么，倾斜的时候，重心相对于支点往哪个方向移动是由什么来决定的呢？

　　仔细观察图3，可以看出在倾斜的时候这两个玩具是会旋转的。旋转的轴心，就是半球形底部的球心（底部纵剖面的圆心）。若重心比球心的位置低，则重心相对于支点的移动方向会与旋转方向相反（A）；如果重心比球心的位置高，则重心相对于支点的移动方向会与旋转方向相同（B）。

因为不倒翁的重心比半球形底部的球心的位置低，所以它是稳定的，即使被放倒也会重新立起来。如果重心比球心的位置还要高的话，那么不倒翁就会倒下去呢。

（福武　刚）

玻璃和黏土（力和物体的形变）

玻璃心

用玻璃做的餐具和实验器材，一落到地上就碎了。玻璃窗也很容易被打破。就像"玻璃心"这个词语所表达的一样，玻璃真的是脆弱的代表呢。

我们把一根细长的玻璃棒两端固定好，在玻璃棒的中央悬挂重物，然后一点一点地增加质量。你们觉得玻璃棒会怎么样呢？

感觉玻璃棒马上要"嘎巴"一声折断了似的，但实际上玻璃棒在一点一点地弯曲变形。然后，我们将重物去掉，玻璃棒又恢复了原来的样子。像这样，受力以后发生形变，把力撤去之后又恢复原状，这样的性质叫作弹性。弹性物体的代表就是橡胶了。把橡皮筋拉伸到原来长度的10倍左右，它还可以恢复到原来的样子呢。

用黏土来塑形

大家在学校的手工课上用黏土捏出来的有形状的东西，过了几天，甚至过了几年，也还是那个形状，没有变化。塑形是需要用到力的，可是一旦手放开的话，黏土会像橡胶一样恢复原状吗？黏土是不会自己再回到原来那个四四方方的形状的。像这样，受力之后发生形变，待力消失，物体不会自行变回原来的形状，这种性质叫作塑性。

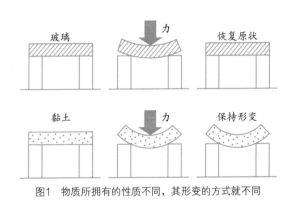

图1　物质所拥有的性质不同，其形变的方式就不同

如果我们给看起来不易变形的铁之类的金属、混凝土、塑料等施加一定的力，它们会怎样变化呢？它们几乎都会发生轻微的形变，而力一旦撤去，它们马上会恢复到原来的形状。不过，如果一点一点地增大施力，当超出一定限度，撤去外力时，它们都恢复不了原状呢。

玻璃会碎的原因

玻璃明明是有弹性的，为什么会那么容易碎呢？玻璃不会像黏土那样发生形变之后保持着稳定的状态。当外力过大，物体发生的弹性形变超出自身的弹性限度时，金属和塑料等已经变不回原来的样子，就以现有的形状稳定下来，而玻璃直接就碎掉了。另外，玻璃上还有许多划痕或小裂纹，这是它和其他物体碰撞时产生的。外力一旦增大，就会集中作用到这些地方，划痕或小裂纹加剧分裂，最终玻璃就会破裂。

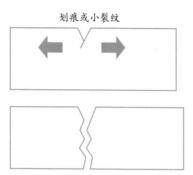

图2　玻璃上的划痕或小裂纹经不起力的作用

切割玻璃的时候，人们常常先使用锉刀在玻璃表面划出痕迹，然后左右同时使劲儿掰。这就充分利用了玻璃所具有的性质呢。

光纤通信中使用的光导纤维，是由玻璃构成的。为尽量避免在玻璃表面形成划痕，人们在其表面包裹了一层塑料。这样一来，细绳一样的光导纤维也可以稍微弯曲，而不会那么容易折断了呢。

（田崎真理子）

地球吸引物体的力量

"被污染的世界"

著名的古希腊哲学家亚里士多德认为，我们居住的地球在宇宙的中心。大家可能会觉得这个观点也太自大了吧，其实不然，这只是因为当时的人们对事物的认识受到了局限。

古时还有人认为，污染了的物质会被宇宙的中心所吸引。因此，像土、石和垃圾等都会聚集到宇宙的中心，慢慢就形成了地球；而太阳、月亮、星星，因为没有被污染，所以一直悬浮在天空中，可以永远地运动下去。

在这种观点中，我们人类当然也是被污染了的存在，所以被吸附到了宇宙的中心。我们即使猛地跳起来，也一定会被吸回到地面上。这就印证了我们是被污染的，所以会被宇宙的中心所吸引。确实，在神话世界中，神仙都可以轻飘飘地升入天空中呢。用这个观点来看的话，可能是因为神仙没有被污染吧。

万有引力和重力

在亚里士多德之后，科学界的各种各样的实验和观察研究，使人们对宇宙的形态和运动规律有了更为深入的认识。特别是，确定了我们居住的地球并不是宇宙的中心，这对于人类来说是十分巨大的思想进步。

同时，人们也明白了我们之所以跳起来后会被吸回到地面上，不是因为我们被污染了，而是因为凡是有重量（准确的说法是"质量"）的物体都会相互吸引。这种相互吸引的作用力，我们把它叫作万有引力。

地球附近的物体，都会和地球相互吸引。因为地球的质量非常非常大，所以一般的两个东西之间还可以称作相互吸引，而地球的话，感觉它表面附近的物体完全是被地球单方面吸引。我们把地球对其表面附近的物体的吸引力称为重力。

因为我们始终被地球所吸引，所以跳起来后会因重力的作用而落回到地面上。即使是天空中飞翔的鸟儿、飘荡的云朵，还有在距离地球38万千米以外旋转着的月亮，也同样会受到重力作用。但是，无论是飞翔的鸟儿、云朵，还是月亮，因为各自的特殊情况，都没有被吸到地面上。

用重物来感受重力

怎样做才能实际感受到"凡是有质量的物体都会被地球所吸引"呢？像跳起来就会落下去这样的事情，也太理所当然了，貌似并不能通过它直观地感受到地球的吸引力。

想要实际感受到重力，就像字面意思一样，还是使用重物比较好。把重物从地面上提到桌子上是不容易的。提的东西越重，越能明显地感觉到对面（地球）有谁在拉一样。或者，用一个经常做的实验也可以感受到重力。在弹簧秤上悬挂一个重物，弹簧就会立即被拉长。这也可以体现出重物受到重力的作用。实际上，当把悬挂的重物取下来，用手将弹簧拉伸到同样的长度时，我们也可以亲身感受到重物究竟受到了多大的来自地球的吸引力呢。

想象一下，古代的人们在费尽力气举着重物的时候，还在想："这个东西，肯定非常脏！"想想就觉得很好笑呢。

（田崎真理子）

在匀速前进的电车上向上跳跃会落在哪里？

电车上的咖啡罐咕噜咕噜地滚动着

有一天，我在大约中午的时候坐上了电车，电车在走走停停中行进着。忽然，我发现了一个不知是谁丢下的空咖啡罐，它在车厢里咕噜咕噜地翻滚着。就这么丢在车里，真是太过分了！我一边想着，一边观察着咖啡罐。我注意到，咖啡罐的滚动是存在着一定规律的。那么，你们认为会是什么样的规律呢？

在匀速前进的电车上向上跳跃的话……

再说一个在电车上的例子。如果在已经停下来的电车上向上跳跃的话，落下时的位置应该正好是起跳时的位置呢。那么，如果是正在匀速前进的电车呢？

下面给出三种选择：

A. 落下时的位置在起跳时的位置的后方

B. 落下时的位置刚好是起跳时的位置

C. 落下时的位置在起跳时的位置的前方

你们认为会落在哪里呢？

由于跳起来的时候离开了电车，电车会继续前进，所以人会落在起跳位置的后方，其距离正好是跳跃期间电车前进的距离。你们是不是会这样觉得呢？可是呀，正确的答案不是A，而是B，即落下时的位置刚好是起跳时的位置。

坐在电车上的人可能不会意识到，而站在轨道沿线上的人却可以很清楚地看到，乘坐电车的人和电车一样，是以相同的速度在向前行进的。这时候车上的人跳起来的话，他还会按照刚才的速度行进一会儿，所以他会落回原位。

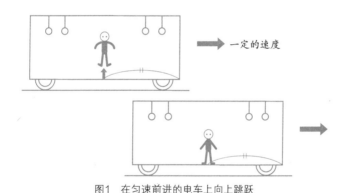

图1　在匀速前进的电车上向上跳跃

以一定的速度运动的物体

像刚才的例子中所看到的那样，以一定的速度运动着的物体具有维持原来运动状态不变的性质。如果用一个比较深奥的术语来定义的话，这种性质叫作惯性。即使速度为0，也就是完全静止的时候，物体也是有惯性的，因为此时物体存在着保持静止状态的倾向。也就是说，任何物体都有惯性。

下面，我们再回到最开始的咖啡罐的问题上。咖啡罐会怎样运动呢？当电车由静止开始出发时，咖啡罐想要维持静止的状态，所以会向后咕噜咕噜地滚动（乘客不会向后移动是因为鞋子和车厢之间存在较大的摩擦力，不过乘客的上半身会因为惯性向后仰）。当电车以一定的速度向前行进的时候，由于有摩擦力，咖啡罐可以同样的速度和电车一起前进。当电车刹车的时候，咖啡罐因为惯性还会继续向前移动一段距离。所以，每当电车启动和刹车时，咖啡罐都会咕噜咕噜地滚动。当然，下车的时候，我把咖啡罐捡起来，丢到专用垃圾箱里了。

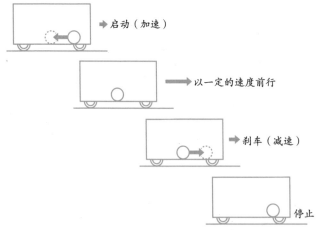

图2　电车上咖啡罐的运动

注意：大家可能也很想做这个实验。但是，毋庸置疑，这会给其他乘客带来不便，所以不可以尝试。

（田崎真理子）

速度大比拼

速度最快的是什么？

在整个宇宙中，当然也包括地球上，最快的速度就是光在真空中传播的速度了，每秒大约为300000 km。这意味着它每秒钟都可以绕地球赤道跑上大约7圈半。太阳发出的光到达地球，所需要的时间大约是8分20秒。假如有一天，太阳忽然从天空中消失了，那么地球上的人知道这件事的时候已经是8分20秒以后了。映入我们眼睛的来自很远很远的地方的星光，说不定是从几亿年前的星星上发出的光呢。不管是什么东西，用什么办法，其速度都无法超越光速。

声音的传播速度是多少？

15 ℃时，声音在空气中大约以340 m/s的速度进行传播。和光速比起来，声速要慢得多。打雷的时候，我们都是先看到闪电，然后才听到雷鸣的。之所以存在这个时间差，就是因为光和声音传播的速度不一样呢。但是，如果打雷的地方距离地面很近的话，可能差别就不是那么明显了，感觉像同时发生一样。声音的传播速度，根据介质的种类不同，会有很大的差别。声音在铁中的传播速度大约是5200 m/s，在20 ℃水中的传播速度大约是1500 m/s。

地球上速度最慢的是什么？

这是一个很难的问题。必须找到稍微前进一点儿就需要很长时间的东西。在地球上的各种事物之中仔细寻找，可能最慢的就数覆盖在地球表面的板块了吧。板块是从海底山脉中诞生的，像传送带一样被推着一点点地移动。板块移动的结果就是，夏威夷岛和日本列岛在以每年大约6 cm的速度相互靠近。换算成天的话，每天大约是0.16 mm，相当于每小时大约0.007 mm。所以，人们根本感受不到它在动。

★ 跑得最快的动物是什么？

哺乳动物中的猎豹可以达到时速100 km以上。

★ 游得最快的动物是什么？

旗鱼，时速可以达到大约100 km。

★ 飞得最快的动物是什么？

隼，时速可达300 km以上。

图1　隼

★生长得最快的植物是什么？

竹，生长的速度可以达到0.04 m/h。

★地球的旋转速度

（赤道）时速约1670 km。

★蜗牛的行进速度

时速约6 m。

图2　蜗牛

★人类的最快纪录

跑得最快：时速37.6 km（100 m短跑比赛）

游得最快：时速8.6 km（50 m自由泳比赛）

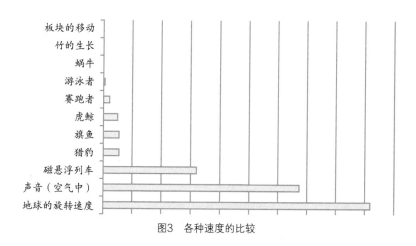

图3　各种速度的比较

（田崎真理子）

石油还可以用多久？

还有大约50年是什么意思？

我们经常能够听到"还有40年石油就会枯竭""还有大约50年石油就会用光"这样的推断。

在1970年左右，就有人推断"还有35年石油就会枯竭"，可是35年过去了，石油并没有枯竭。

这些数字到底是怎么计算出来的呢？

35年和40年，是根据现在已知的石油总储量计算出来的年数。用已知的石油总储量除以1年中的石油产量（1年中的使用量），得出的答案是约40年。这是默认每年的石油产量相等才得出的结论。这个年数，称为可采年数。

据说，石油的可采年数约是40年，天然气约60年，煤炭约133年，铀（yóu）约100年（2007年计算）。

但其实，已知的石油总储量并不是随着生产而减少的。一旦勘探到新的油田，它就会增加。

石油公司会一直致力于新油田的勘探，所以从另一个角度来说，已知的石油总储量是在增长的。

另外，还有一些油田，以现有的技术来进行开采的话耗资巨大，所以处于放置状态，等到有了新的技术便于开采了再开采。受现有的技术限制暂时放弃开采的那些油田，也促使了石油开采技术的不断进步。如：往里面加入水和气体，让石油在压力的作用下喷涌出来；通过加热或者使用化学药品让石油更容易流出来；使石油更容易从岩石上剥离，等等。

所以，至少从1990年开始，就已经是每年一直保持着"还能再开采30年以上"的这种说法。说不定，从现在开始的50年后，还会有"还剩大约40年"的说法呢。

石油是怎样形成的？

关于石油的形成方式，虽然没有100%正确的观点，但是却有非常有说服力的观点。

那就是，石油是数亿年前的生物遗骸在地热和压力的作用下发生化学变化而产生的。这一观点，非常有说服力。因为是从远古时代的生物遗骸中诞生的，所以石油和煤炭、天然气一起被归为化石燃料。

因为化石燃料并不能再生，所以会有用尽的一天。

因此，"石油还可以用多久？"就成了一个大问题。能够确定的是，石油是有限的资源。

不会在某个时间忽然用光

随着石油的存储量越来越少，石油的价格一定会越来越高吧？

如果石油的价格真的越来越高，人们一定会找到能够替代石油的更加便宜的能源来使用。比如，现在就有将煤炭液化当作石油来使用的例子呢。那样的话，石油的产量和消耗量都会减少呢。

　　而且，到时候人们一定会对因现有技术限制而放弃开采的那些油田重新进行开采，并从含有石油的岩石中努力地采集石油。那样的话，即便总储量有所减少，生产量也会升上去，就仍然会有"还有多少年"的推断呢。

　　所以，根本不会出现在50年后的某一天石油忽然用光了的情况。

　　但是，非常确定的是，石油是天然的有限资源。

　　那么，在石油真正枯竭以前，我们就必须要致力于太阳能等新能源的研究和减少能源浪费技术的开发，向低能耗的生活方式过渡才行。

（左卷健男）

为什么会出现全球气候变暖的现象？

温室效应

地球，因为有了大气的作用才可以保持温暖。大气，指的是覆盖在地球表面的气体。曾经有人做过计算，得出如果没有大气的话，地球的平均温度会变成-19℃。

从太阳强烈照射来的能量，可以温暖地球。但是，如果没有大气的话，那些光和热不会一直停留在地表，会逃散到宇宙中去。像这样，大气起到的给地球保温的作用，叫作温室效应。培育农作物的塑料大棚，又叫作温室，利用的就是温室效应的原理。进入塑料大棚你们应该就可以感受到了，里面暖洋洋的，有时甚至会觉得很热。太阳能透过塑料大棚的塑料膜到达里面的地面，为地表加热。因为有塑料膜的覆盖，大棚内部的热很难逃出去，所以大棚内的温度才会升高。

温室气体

在大气的成分中，可以引起温室效应的气体有甲烷、氟（fú）氯（lǜ）代烷、二氧化碳等。这些都被称为温室气体。

科学研究认为，如果没有温室效应的话，人类就无法生存。可是，一旦温室效应太强的话，就会导致全球气候变暖。

二氧化碳被认为是导致气候变暖的主要因素

关于全球气候变暖，以IPCC为中心，很多国际合作与研究正在开展。IPCC，是Intergovernmental Panel on Climate Change的简称，翻译为"联合国政府间气候变化专门委员会"。IPCC云集了世界上2000余位研究者，他们整合全球气候变暖的相关研究成果形成评估报告。IPCC所发布的报告显示，发生气候变暖的可能性很高。

空气的成分按体积算，氮气约占78%，氧气约占21%，二氧化碳仅占0.03%。而IPCC的评估报告，提示了二氧化碳浓度进一步上升的可能性，怀疑二氧化碳的增加可能是由伴随着石油和煤炭消耗的人类活动所导致的。

根据IPCC发布的报告，人们强烈怀疑全球气候变暖已经发生，大气中二氧化碳的浓度也正在上升。二氧化碳可以产生地球上绝大多数生命赖以生存的温室效应，但是现在因为它在大气中的浓度过高，它也成了引发全球气候变暖的罪魁祸首。

如果气候变暖真的继续加剧的话，会发生什么呢？围绕这一点，有很多不同的意见，争论也非常激烈。这表明在科学界准确地预测将来可能发生的现象也是一个很大的难题。

（保谷彰彦）

编写者介绍

左卷健男

本书主编。1949年出生。于日本千叶大学攻读本科学位，于东京学艺大学攻读硕士学位。先后任东京大学教育学部附属初高中教师、京都工艺纤维大学教授、同志社女子大学教授、法政大学生命科学学部环境应用化学系教授等。专业为理科教育、环境教育。著有《有趣的实验：物品制作事典》（共同编著，东京书籍株式会社）、《新科学教科书》（执笔代表，文一综合出版社）等。

桑岛　干

1963年出生。丰桥技术科学大学研究生毕业。就职于日本分光株式会社。专业为仪器分析化学。著有《镜片的基础与结构》《塑料的结构和作用》（以上为秀和系统出版）、《镜片的基础》（软银创意株式会社）、《基于生存的科学常识》（东京书籍株式会社）等。

相马惠子

1961年出生。日本大学文理学部化学系本科毕业。弘前大学教育学部附属初级中学教师。专业为化学。参与编写了《初中三年级理科课程完全指南》（学习研究社）、《再学一次初中理科》（实业出版社）等。

横须贺 笃

1960年出生。埼玉大学教育学部本科毕业。埼玉县公立小学教师。参与编写了《有趣的实验：物品制作事典》（东京书籍株式会社）、《环境调查手册》（东京书籍株式会社）等。

长户 基

1962年出生。兵库教育大学研究生毕业。关西大学初级中学教师。专业为理科教育和教育工学。参与编写了《有趣的化学实验宝典》（东京书籍株式会社）、《再学一次初中理科》（实业出版社）等。

田崎真理子

1959年出生。御茶水女子大学理学部研究生毕业。面向小学生的实验科学学习班讲师。专业为物理（理科教育）。

福武 刚

1942年出生。京都大学工学部毕业，获工学博士（京都大学）学位。科学代表、制铁技术研究者。现于稻毛儿童航空科学俱乐部、稻毛儿童爱迪生俱乐部等处负责指导科学工作和实验。

常见俊直

就职于京都大学理学研究科社会合作室，*Rika Tan*编辑策划委员。

保谷彰彦

1967年出生。东京大学研究生毕业，获博士（学术型）学位。科普作家。代表作有由其策划和编写的《蒲公英工作室》。就职于日本国立天文台天文情报中心。专业为植物的进化和生态。参与编写了《外来生物的生态学》（文一综合出版社）、《觉得有道理的生物问题》（技术评论社）等。